中里华奈的
迷人花漾动物胸针

Lunarheavenly
[日]中里华奈 著
蒋幼幼 译

河南科学技术出版社
·郑州·

前言

我经常将钩织的小花组合在一起，制作成饰品。
在制作了很多作品后，就想尝试更丰富的表现形式。
于是，便想到了刺绣。
用蕾丝线钩织无法表现的细致部分，就试着用刺绣来呈现，
竟然完成了以前无法做到的、形态复杂的作品。
由此诞生了本书中介绍的这些动物胸针，
就像身穿小花衣，有点奇妙，却又可爱至极。

譬如，刺猬比较适合用春天的野花，
而金鱼更适合用山茶花……
就是这样，一边想象着完成后的画面一边创作。

如果用单股线细腻地绣制动物柔软的毛发，一定会惟妙惟肖。
如果在黑色线绣好的眼睛里，再用白色线表现高光，
作品立刻变得栩栩如生，宛如注入了生命。
我希望大家也能感受到这些令人欣喜的瞬间。

刺绣与蕾丝钩织相结合的作品看似复杂，
其实只需按步骤制作，就算是初学者也不会觉得很难。
只要花时间慢慢练习，作品就会越来越可爱的。

想象着某天在胸前戴上自己亲手制作的小动物胸针，
尽情享受每一个制作过程吧！

Lunarheavenly　中里华奈

FRANÇOIS

目录

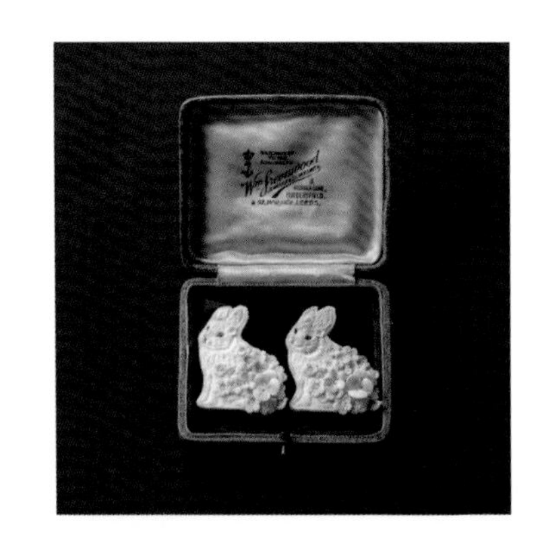

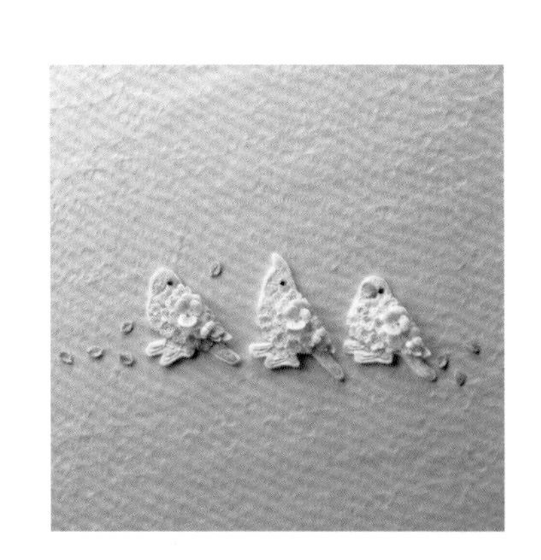

本书内容导航

◆关于材料

- 本书介绍的材料有时会因为制造商和销售商店的不同，名称也会有所不同。此外，关于材料的相关信息截至2017年10月。有些商品可能由于制造商的原因停止生产或废弃该型号，敬请谅解。

◆关于刺绣

- 作品中使用的线材均为25号刺绣线。除特别指定外，均用1股线进行刺绣。

◆关于花草部分的花片

- 花草部分的花片全部有对应的编织图，并介绍了详细的钩织步骤。关于工具、材料、基础针法符号和钩织方法等，请参照p.26~29。
- 花草部分的表格罗列了作品中需要的花片种类、数量、钩织方法、配色编号等。关于配色编号，标注的是p.51配色方法中的编号，制作时请按此进行上色。

白天鹅

洁白的身体加上淡雅的蓝色系花朵，宛如水面上的女王，高贵、典雅。

制作方法 *p.54*

黑天鹅

将各种小花统一色调后，显得格外雅致。深粉色的嘴部和颈部的线条是一大亮点。

制作方法 *p.54*

羊驼

用清新素雅的柔色系花朵
表现蓬松的毛发。尺寸虽小，
却非常引人注目。

制作方法 *p.56*

火烈鸟

修长的双腿，别具一格的造型。身上的大丽菊和山茶花更是让人眼前一亮。

制作方法 *p.58*

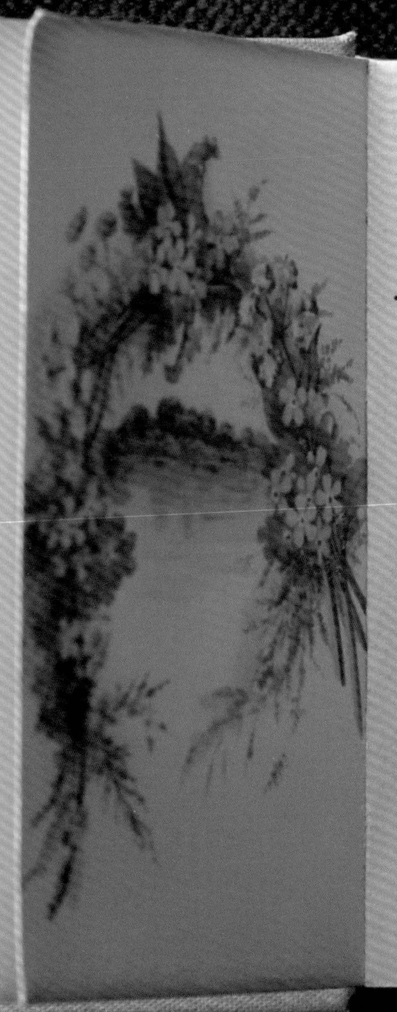

虎皮鹦鹉

柠檬黄色的身体加上蓝色和绿色的花朵及尾部，给人一种梦幻般的感觉。嘴部和足部使用了对比色——粉红色。

制作方法 *p.22*

太平洋鹦鹉

将三色堇和小花都染成蓝色，仿佛传说中象征着幸福的青鸟。

制作方法 *p.64*

文鸟

略带粉红色的花朵，使嘴部和足部的浅粉显得格外可爱。

制作方法 *p.62*

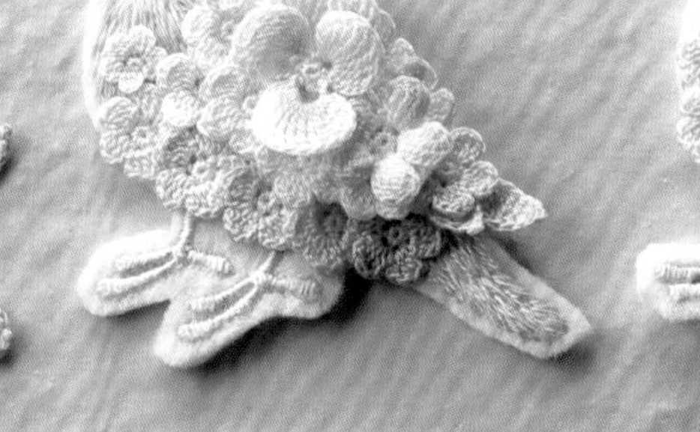

玄凤鹦鹉

仿佛因为羞涩而泛红的脸颊娇俏可人。清爽的黄色或深或浅，富于变化。

制作方法 *p.62*

绵羊

使用原白色的蕾丝线钩织的
复古色调的花朵给人朴素、
典雅的印象。

制作方法 *p.66*

鸭子

清澈的眼神和形象的嘴部尤为逼真。将较大的三色堇缝在中间，整体色调柔和雅致。

制作方法 *p.60*

刺猬

白车轴草花、蒲公英、三叶草……身上簇拥的花草仿佛春天的原野。

制作方法 *p.68*

松鼠

引以为傲的大尾巴上缀满了各种花草，再在手中绣上小家伙非常爱吃的树莓吧！

制作方法 *p.18*

小猫

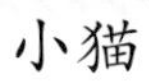

清新唯美的花朵与小猫呆萌的表情相得益彰，耳根和尾巴上的小花也非常雅致。

制作方法 *p.72*

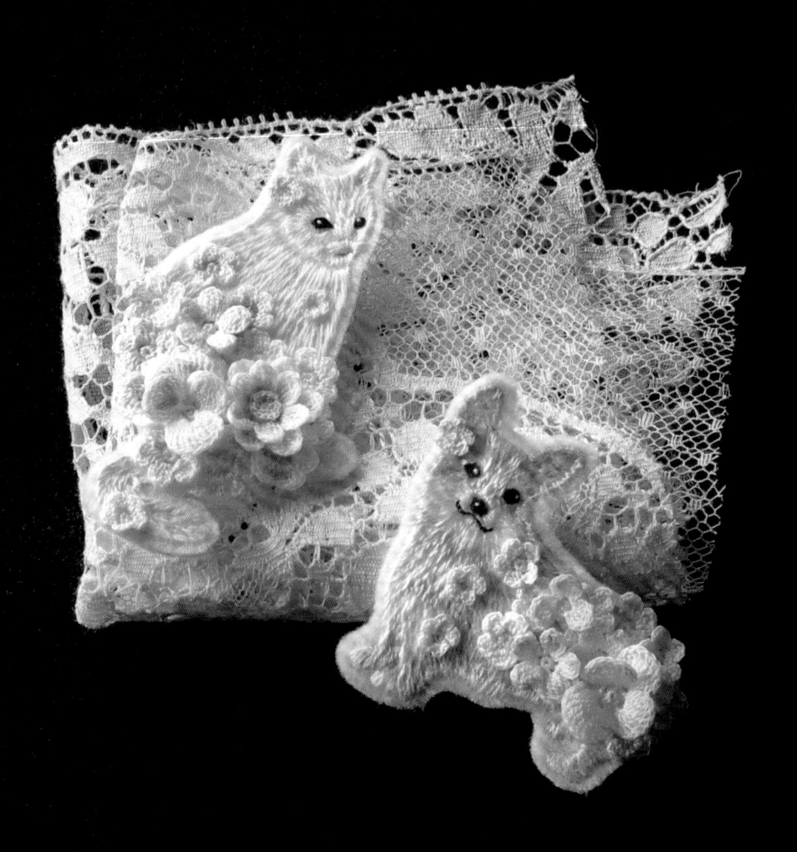

柯基犬

身上是紫罗兰和三色堇等春天的花朵，嘴角露出淘气的微笑。在耳边点缀一朵小花，更显得俏皮、可爱。

制作方法 *p.70*

小白兔、小野兔

用1股绣线表现松软的毛发和炯炯的眼神，使两只小兔栩栩如生。三色堇和小花也错落有致地缝在身上。

制作方法 p.74

金鱼

山茶花或者银莲花，只要改变大花的造型，就会给人不同的感觉。大大的尾鳍宛如花瓣一般，漂亮极了。

制作方法 *p.78*

北极熊

站姿的设计新颖、独特。
身体的下半部分仿佛一片
花圃，显得更加憨态可掬。

制作方法 *p.76*

翠鸟

翅膀上开满了大丽菊和三
色堇等美丽的花朵，
仿佛正在河面上展翅飞翔。

制作方法 *p.60*

乌鸦

小花簇拥着一朵大大的
黑色山茶花，看上去高贵、
典雅。

制作方法 *p.78*

鲸鱼

舒展的造型，仿佛正在水中悠
闲自得地遨游。漂亮的蓝色身
体，就像大海里的精灵。

制作方法 *p.64*

 基础制作方法  松鼠

下面介绍代表性动物松鼠的制作方法。所有作品的制作步骤大致相同，请以此为参考。

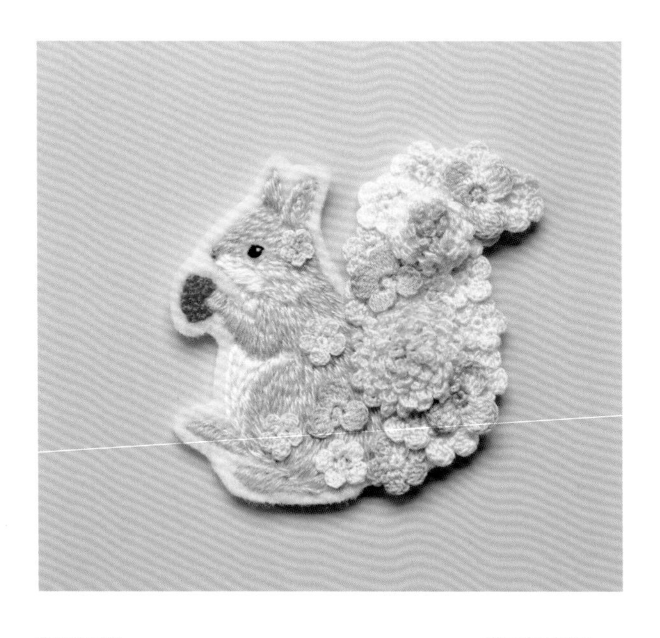

作品图 ——— *p.13*

材料

纸型

不织布（15cm × 15cm）1块

25号刺绣线

DMC：543（浅驼色）、3713（粉红色）、819（粉米色）、3863（茶色）、310（黑色）、3832（红色）、BLANC（白色）各适量

蕾丝线（白色／80号、120号、160号）各适量

人造花专用染料各适量→参照p.27

别针（28mm）1个

纸型 100%

※请复印或者描下图案后使用。

制作方法 I **描下纸型图案**

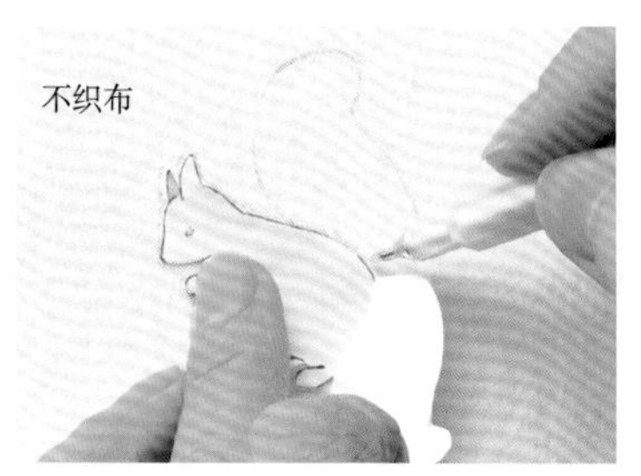

1 将剪好的纸型放在不织布的上面，用水消笔描出轮廓。有牙口的地方，把纸型的一部分翻过来，将轮廓线连起来。

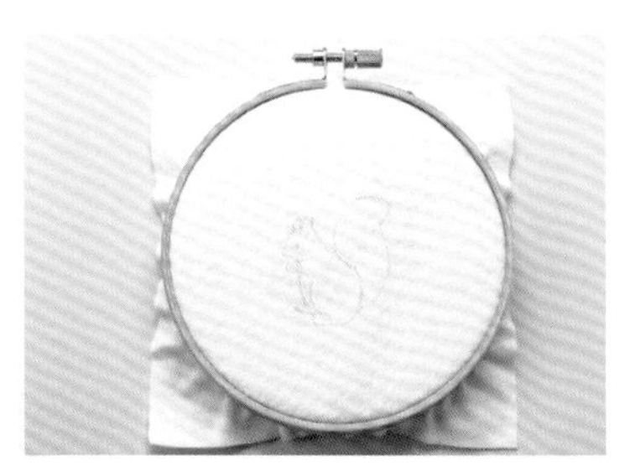

2 套上绣绷。

II 刺绣　1 轮廓：浅驼色、白色…轮廓绣

1 将刺绣针穿上浅驼色的绣线，在刺绣针迹和花朵覆盖的臀部位置从反面入针绣1针。（线头不用打结）

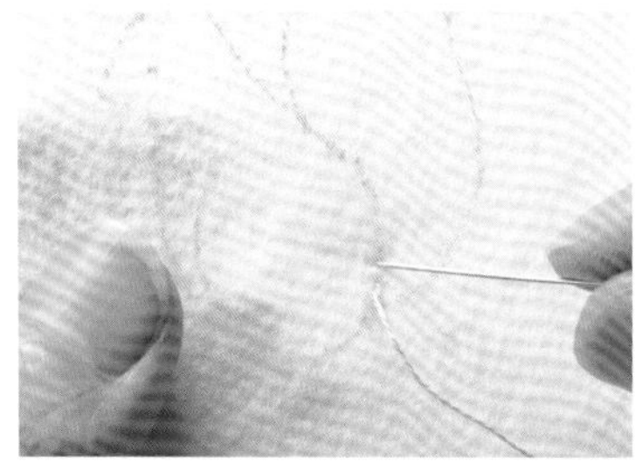

2 沿着轮廓线，用轮廓绣在要刺绣的部分绣上一圈。

3 松鼠图案中，腹部绣的是白色，所以腹部用白色线做轮廓绣。

❷眼睛／黑色、白色…自由绣

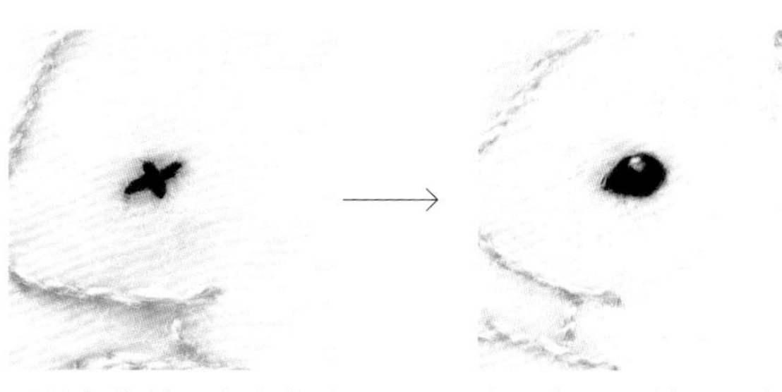

用黑色线绣一个十字后再绣满整个眼睛，这样比较容易把握形状。

在黑色上面绣上一点白色作为高光。

❸耳朵、头部／粉红色、浅驼色…自由绣

先用粉红色线绣好左耳内侧，再用浅驼色线绣耳朵的外侧。

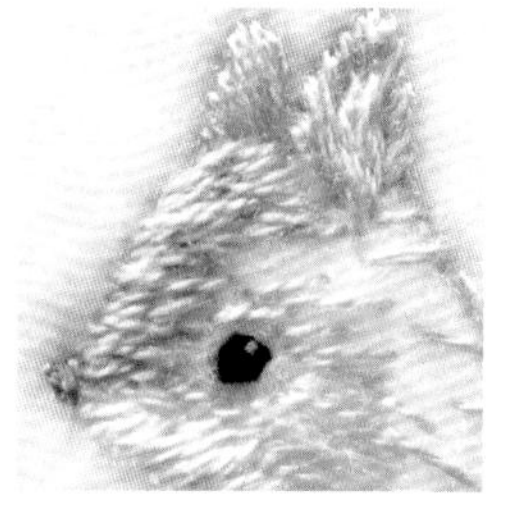

右耳绣好后，再从头部绣到鼻子。

❹鼻子／茶色

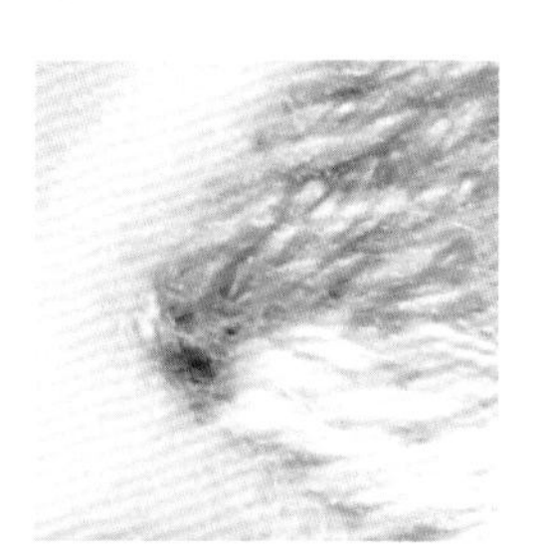

纵向绣2~3条线。

❺手部、腿部／浅驼色…缎面绣

绣满整个手部和腿部。

沿纸型轮廓线裁剪

向外留出1~2mm裁剪

除特别指定外，均用1股绣线按顺序刺绣（各种刺绣针法参照p.52）。尾巴部分要缝满花朵和花片等，所以无须刺绣。刺绣全部完成后，取下绣绷，将图案从不织布上剪下来，刺绣部分要在轮廓外留出1~2mm，尾巴部分沿着纸型轮廓线裁剪。

❼身体／浅驼色、粉米色…自由绣

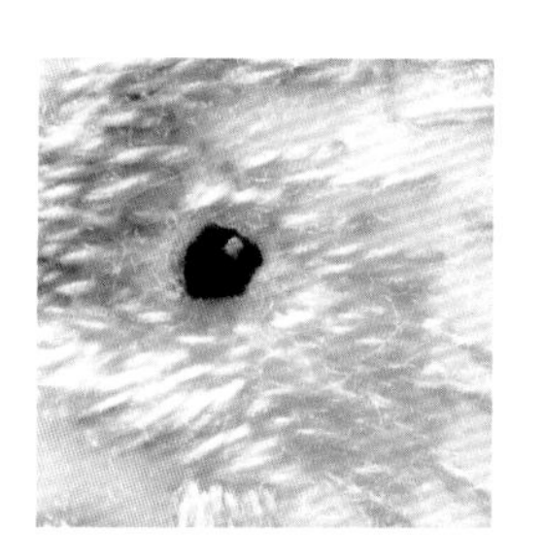

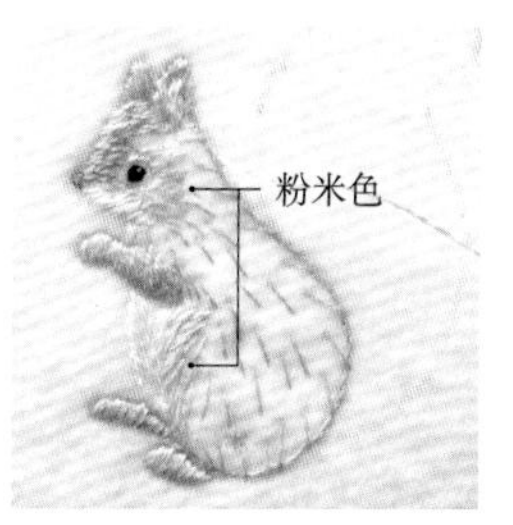

首先绣出眼圈留白部分的轮廓，接着大致绣出整个身体部分毛发的走向，再用自由绣进行填充。

❻吻部、腹部／白色…自由绣

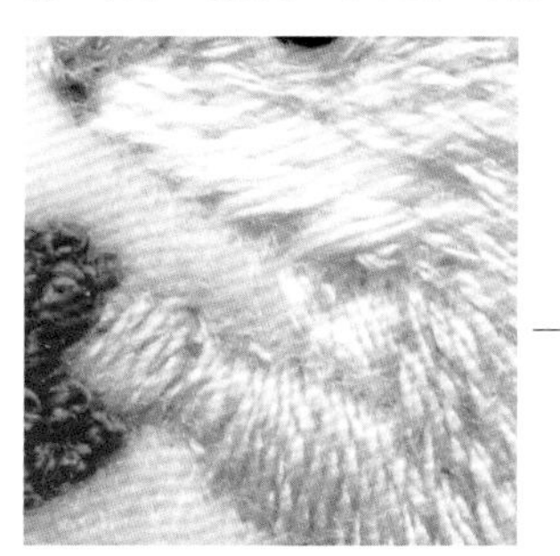

绣制从鼻子下方到下颌的吻部、胸部。

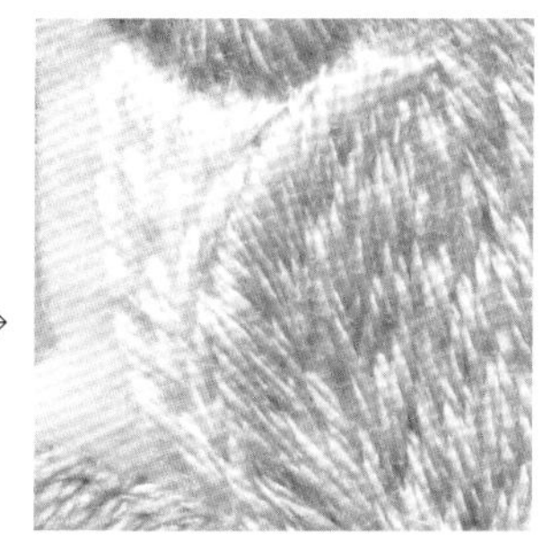

绣制白色线勾勒出轮廓的腹部。

❽树莓／红色(2股)…法式结粒绣

树莓用2股红色线刺绣。

III 制作花草部分的花片

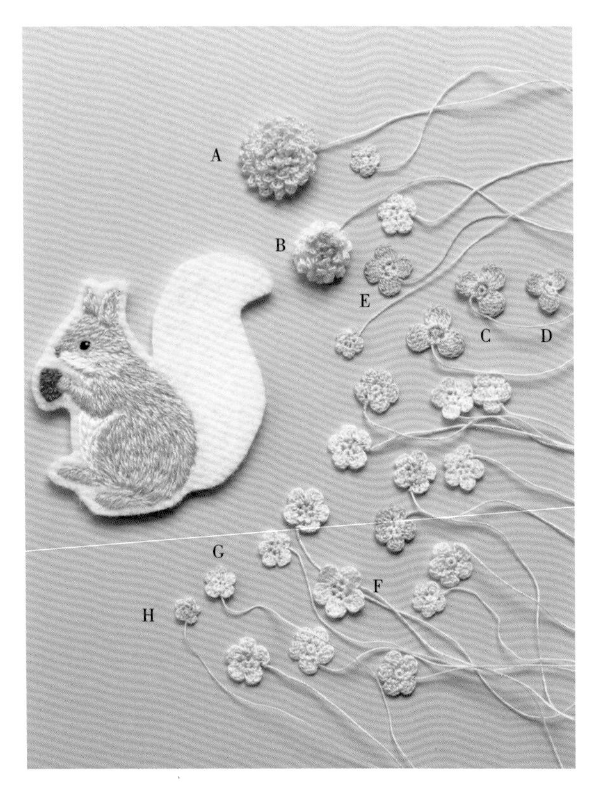

[使用的花草]

	花片名称	线的粗细	数量	钩织方法	配色（p.51）
A	蒲公英	80号	1	p.42	1号
B	白车轴草花	80号	1	p.44	13号
C	三叶草（小）	80号	2	p.46	14号
D	三叶草（小）	120号	1	p.46	13号
E	四叶草（小）	80号	1	p.46	14号
F	小花（大）	80号	1 ~ 2	p.30	1号、3号
G	小花（小）	120号	3 ~ 4	p.32	4号
H	小花（小）	160号	1	p.32	6号
其他	小花（小）	80号	13 ~ 15	p.32	1号、2号、3号、21号

※C和D、G和H的编织图解相同，改变用线的粗细，钩完后的大小就会不一样。
因为小花在缝制时的位置和方法不同，需要的数量会发生变化，建议多钩织几片备用。

参照上面的表格，钩织所需数量的花片，上色后晾干。刺绣完成后，将厨房湿巾等盖在不织布上，消除轮廓线。

IV 按“轮廓→内侧”的顺序，缝上花片

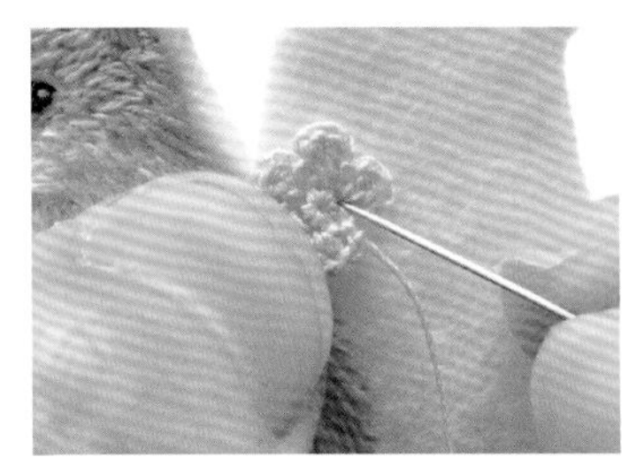

1 沿着尾巴的轮廓缝上小花。将小花的线头穿入缝针，在小花的中心稍外侧两三处，将小花缝在不织布上。

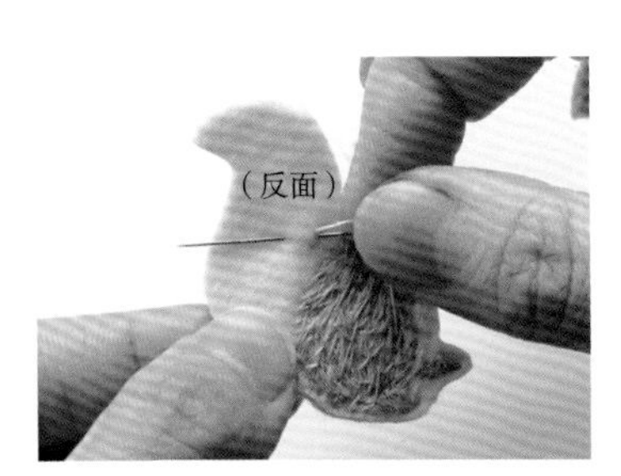

2 最后将线穿至反面，在不织布上缝1针后将线剪断。（线头不用打结）

3 重复步骤1、2，沿着尾巴轮廓缝上一圈小花，小花要露出不织布外缘1mm左右。

4 缝上蒲公英和白车轴草花。接着在缝隙处缝上三叶草、四叶草和小花等，直到看不见下层的不织布。尾巴部分缝满花片后，再在刺绣的身体上以及耳朵下方缝上小花和三叶草。

要领

如果是像蒲公英一样花瓣重叠的花朵，将上面的花瓣翻起来，在靠中心位置入针缝固定。

V 组合成胸针

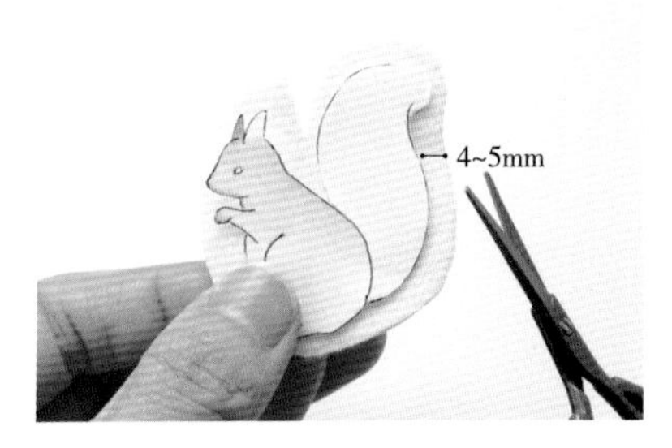

1 将纸型放在刺绣完后剪下的不织布上，周围留出4~5mm剪下大致轮廓。

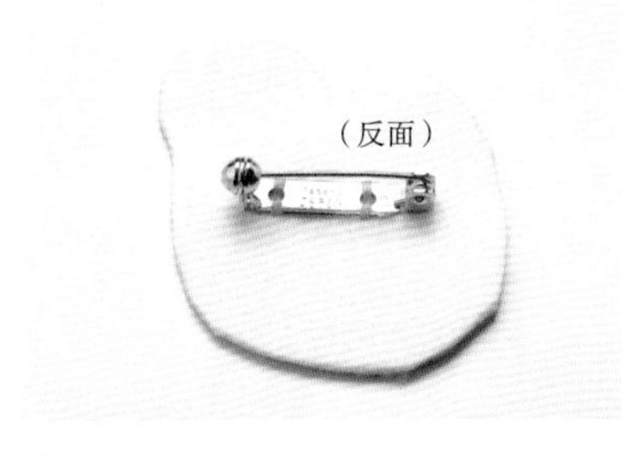

2 在剪下的不织布的反面中心缝上别针。

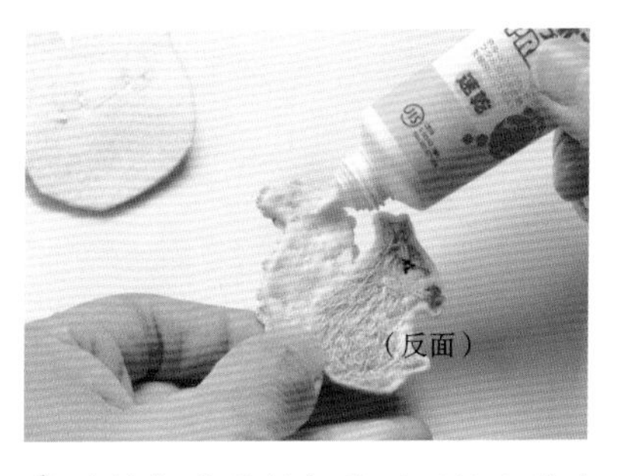

3 在缝好花朵的松鼠反面涂上黏合剂，注意不要将黏合剂涂到正面的花朵上。与步骤2不织布的正面相对合拢。

4 用圆头夹等夹紧并固定好，等待黏合剂干透。

5 按正面大小剪掉背面多余的不织布。在刺绣部分贴上遮蔽胶带后，在花片上喷上定型喷雾剂。

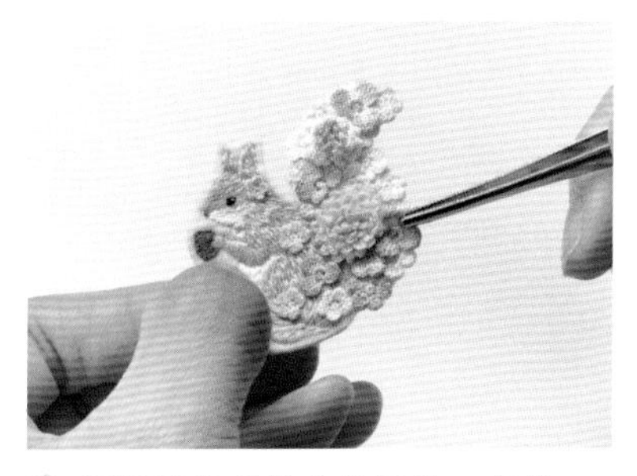

6 用镊子整理花朵的形状，完成。

基础制作方法 2 虎皮鹦鹉

像虎皮鹦鹉等轮廓简单的小动物可以不用做轮廓绣，而是用花艺铁丝勾勒出轮廓后再刺绣，这样作品会更有立体感。

作品图——— p.10

材料

纸型

不织布（15cm×15cm）1块

25号刺绣线/DMC：964（翡翠绿色）、3078（黄色）、162（淡蓝色）、3713（粉红色）、819（粉米色）、310（黑色）、BLANC（白色）各适量

蕾丝线（白色/80号、120号）各适量

人造花专用染料各适量→参照p.27

花艺铁丝（白色/35号）适量

别针（35mm）1个

纸型 100%

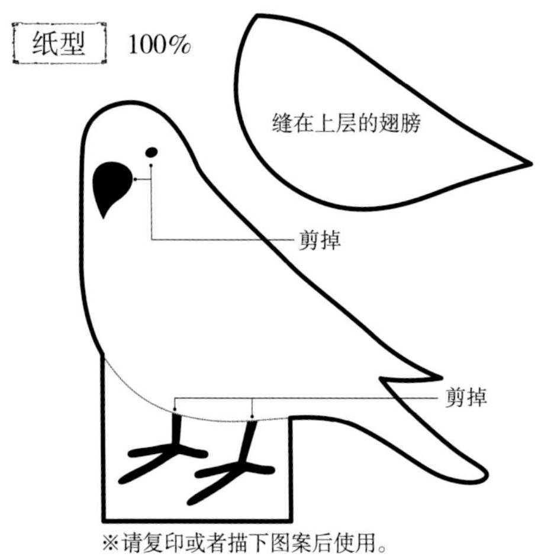

※请复印或者描下图案后使用。

制作方法

I 描下纸型图案

1 将剪好的纸型放在不织布的上面，用水消笔描出轮廓。

2 剪掉的镂空部分描出内侧的轮廓，然后将不织布固定在绣绷上。

II 用花艺铁丝勾勒出刺绣部分的轮廓

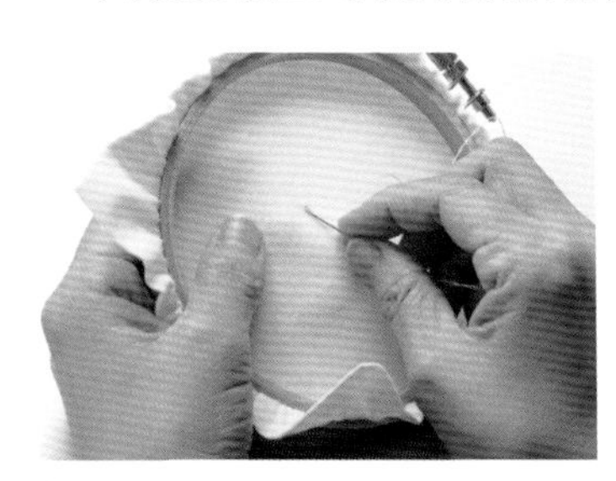

1 将刺绣针穿上黄色的绣线，在花朵覆盖的背部位置从反面入针绣1针。（线头不用打结）

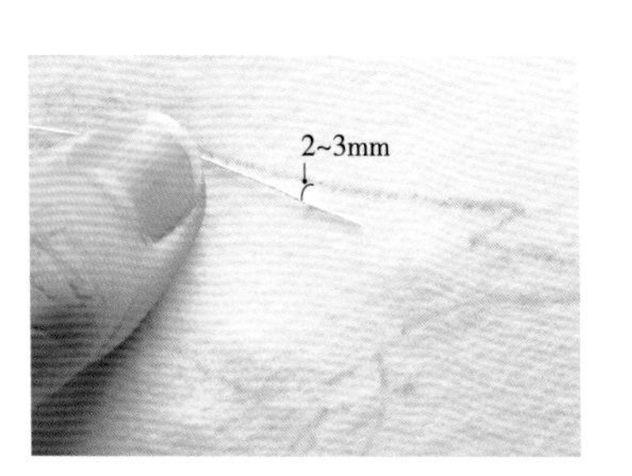

2 不刺绣的部分后面会沿着纸型的轮廓线裁剪，所以预留出2~3mm在内侧缝住花艺铁丝。需要刺绣的部分沿着纸型的轮廓缝住花艺铁丝。

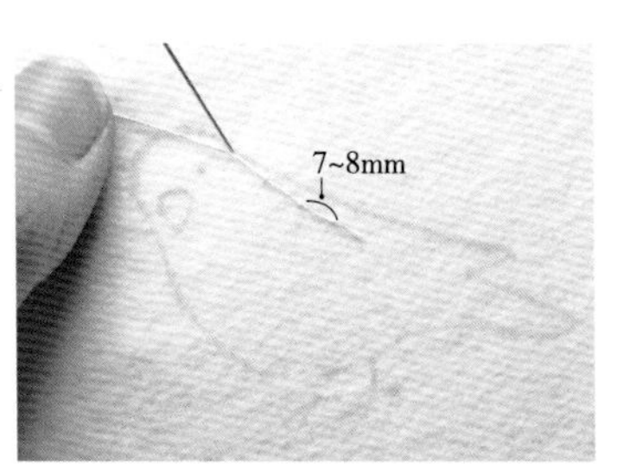

3 曲线弧度较小的地方针距间隔7~8mm，弧度较大的地方间隔3~4mm做钉线绣（→p.53）缝住花艺铁丝。

④ 足部换成粉红色绣线。因为此处比较窄，需要一边用镊子折弯花艺铁丝，一边间隔3~4mm做钉线绣。

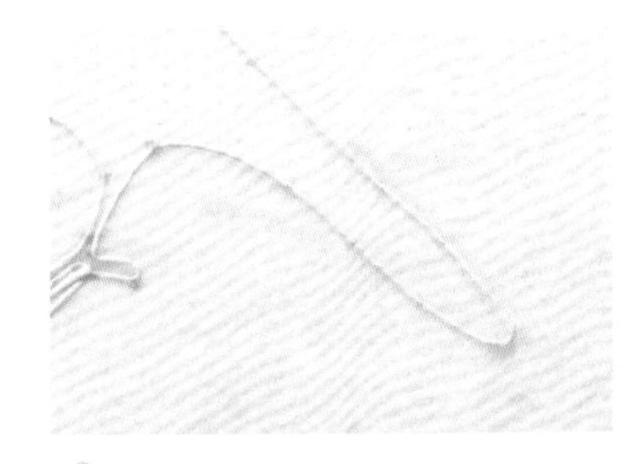

⑤ 尾部用翡翠绿色线，沿着轮廓固定花艺铁丝。

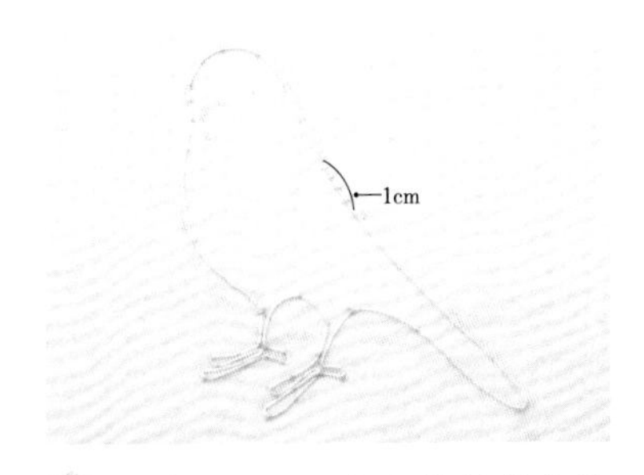

⑥ 固定一圈后，与起始端的花艺铁丝重叠1cm左右后用钉线绣固定。剪掉多余的花艺铁丝。

III 刺绣

①嘴部、脸部/粉红色、粉米色、淡蓝色、黄色…轮廓绣、自由绣

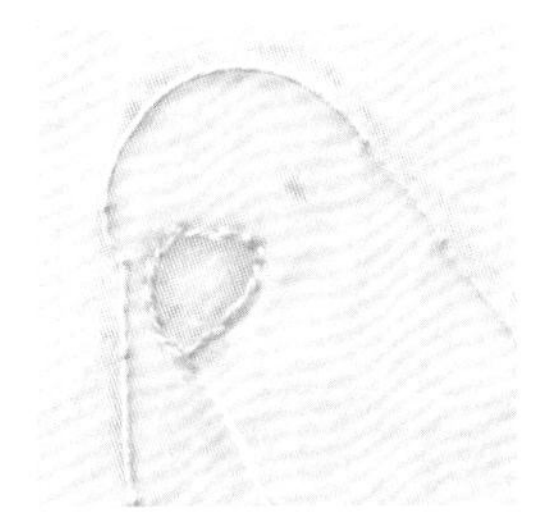

嘴部的轮廓用粉红色线做轮廓绣，再用自由绣进行填充。

↓

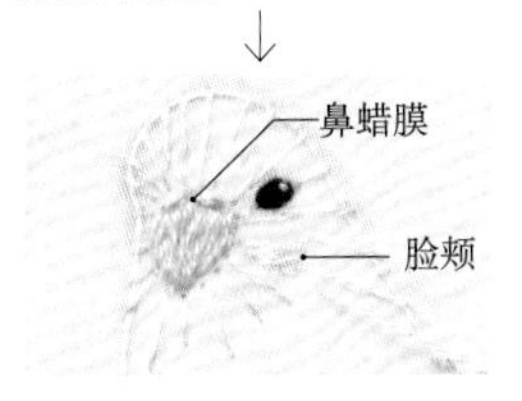

用粉米色线绣鼻蜡膜的花纹，用淡蓝色线绣脸颊。脸部用黄色线大致绣出整体毛发的走向，再用自由绣进行填充。

②眼睛/黑色、白色…自由绣

先绣一个十字，然后绣满整个眼睛，这样比较容易把握形状。再在黑色上面用白色线绣上高光。（→p.19②）

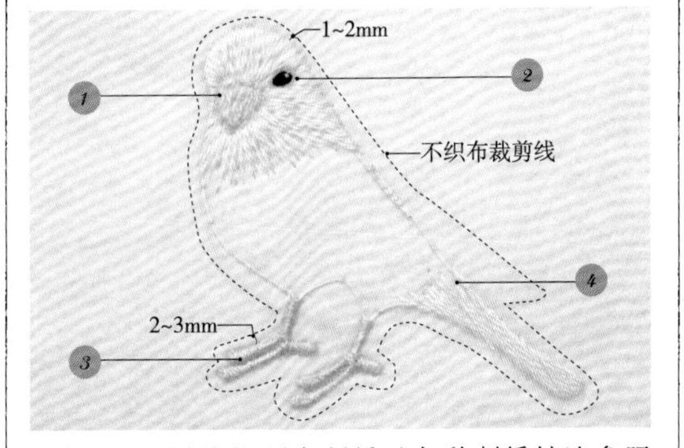

全部用1股绣线按顺序刺绣（各种刺绣针法参照p.52）。身体的中间部分要缝满花朵，所以无须刺绣。刺绣全部完成后，取下绣绷，将图案从不织布上剪下来，足部周围要留出2~3mm，其余的刺绣部分要在轮廓外留出1~2mm，没有刺绣的部分沿着纸型轮廓线裁剪。

④尾部/翡翠绿色…自由绣

用自由绣填充整个尾部，直到看不见花艺铁丝。

③足部/粉红色…包线绣

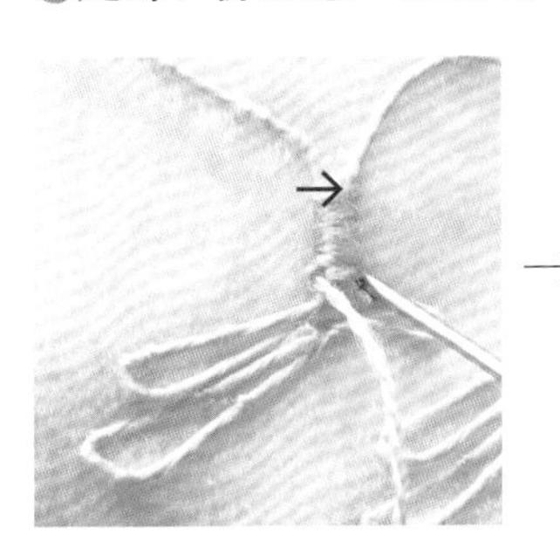

在花艺铁丝上来回渡线刺绣。

→

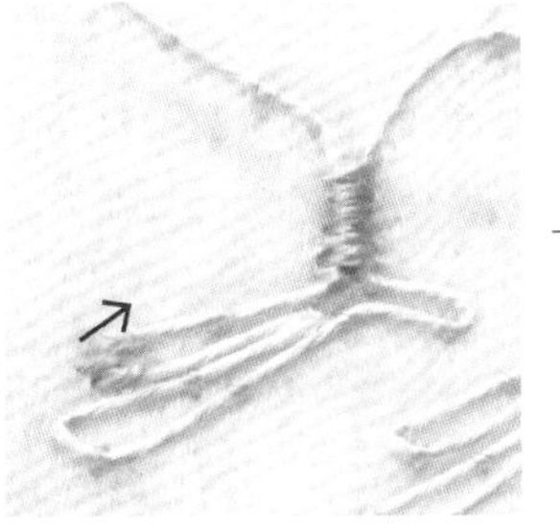

足趾朝箭头所示方向来回绣3~4次。

→

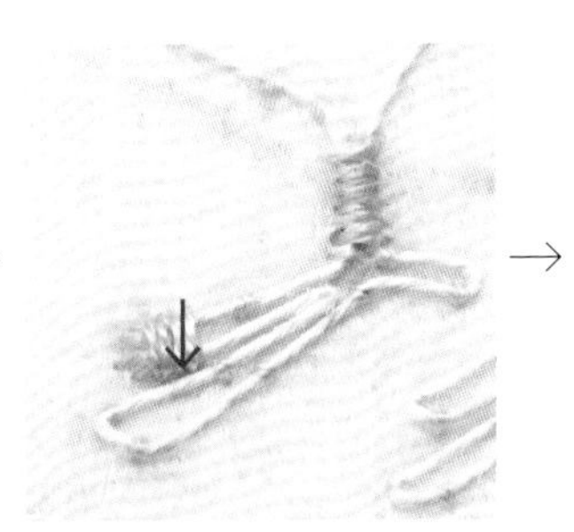

接着在足趾所绣线迹上方按箭头所示方向刺绣，绣线与花艺铁丝呈垂直状。

→

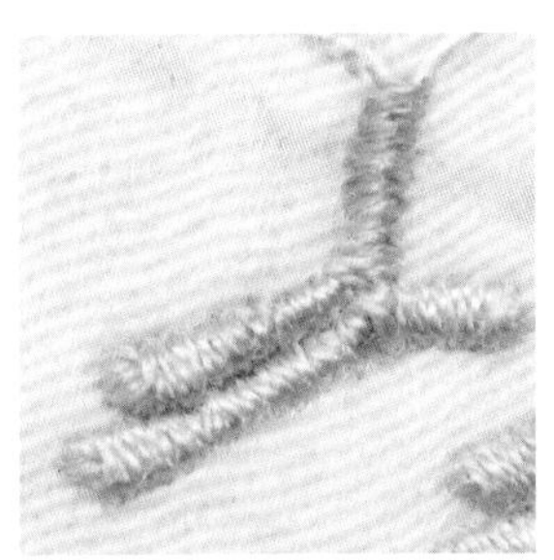

足趾均按此相同要领刺绣。

Ⅳ 制作花草部分的花片

[使用的花草]

	花片名称	线的粗细	数量	钩织方法	配色（p.51）
A	三色堇	80号	1	p.38	18号
B	紫罗兰	80号	1	p.34	1号
C	叶子	80号	2	p.35	18号
D	小花（小）	80号	1	p.32	1号
E	小花（小）	120号	1	p.32	18号
其他	小花（大）	80号	14~15	p.30	1号、13号、18号

※D和E的编织图解相同，改变用线的粗细，完成后的大小就会不一样。
因为小花在缝制时的位置和方法不同，需要的数量会发生变化，建议多钩织几片备用。

参照上面的表格，钩织所需数量的花片，上色后晾干。刺绣完成后，将厨房湿巾等盖在不织布上，消除轮廓线。再准备好用于制作上层翅膀的不织布。

Ⅴ 缝上花片

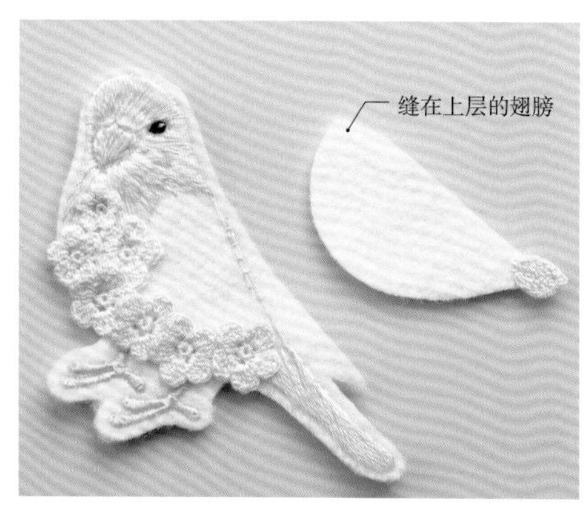

1 在上层翅膀的末端缝上叶子。接着在腹部不留缝隙地缝上小花，小花要露出不织布外缘1mm左右。

2 在上层翅膀的外圈也缝上小花。

翻起

3 在上层翅膀的中心缝上三色堇和紫罗兰。缝三色堇时，将上面的花瓣翻起来，靠里面入针缝合固定。

Ⅵ 缝上翅膀

1 将上层翅膀放在主体上，先确认一下位置。

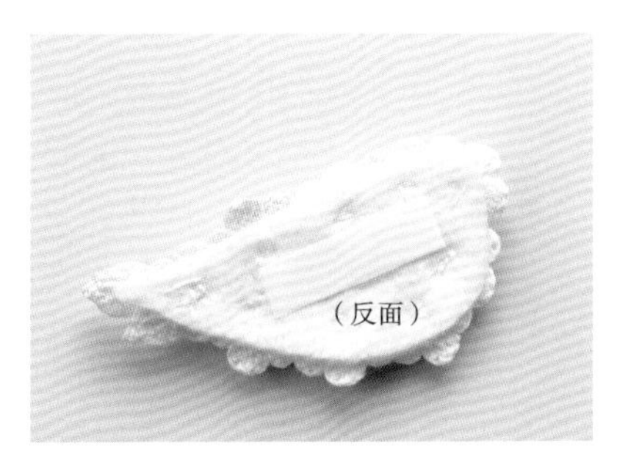

2 在上层翅膀的反面贴上双面胶，暂时粘贴在步骤1确认好的位置处。

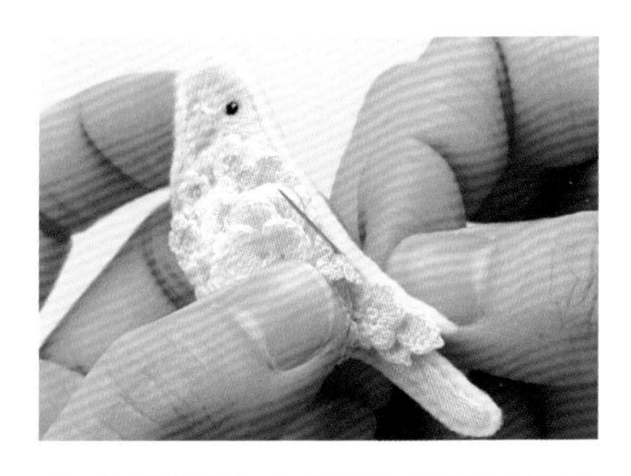

3 在背部将与主体重叠的不织布缝合在一起，注意不要缝到花朵。

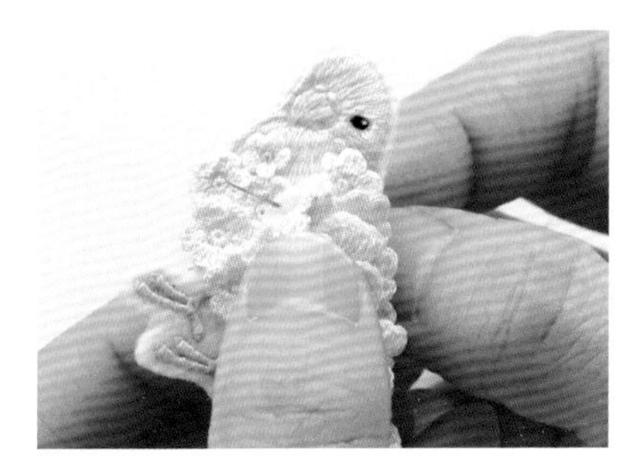

4 腹部从主体的反面入针，翻起花朵，在内侧1mm处入针缝合固定，针距间隔3~4mm。

Ⅶ 组合成胸针

1 参照p.21 Ⅴ的步骤2，缝好别针。

2 剪掉背面多余的不织布。在花片上喷上定型喷雾剂，整理花朵的形状，完成。

要领

轮廓的两种勾勒方法

本书中，外形复杂的作品用轮廓绣勾勒轮廓，其他作品缝上花艺铁丝勾勒轮廓。加入花艺铁丝勾勒轮廓会使刺绣部分的边缘更具立体感。

●做完轮廓绣后再进行刺绣的作品
刺猬、松鼠、小白兔、小野兔、太平洋鹦鹉（仅在足部周围加入花艺铁丝）

●缝上花艺铁丝再进行刺绣的作品
天鹅、羊驼、火烈鸟、虎皮鹦鹉、玄凤鹦鹉、文鸟、绵羊、鸭子、柯基犬、小猫、北极熊、鲸鱼、翠鸟、乌鸦、金鱼

基本工具

下面是制作本书作品时所需要的工具。

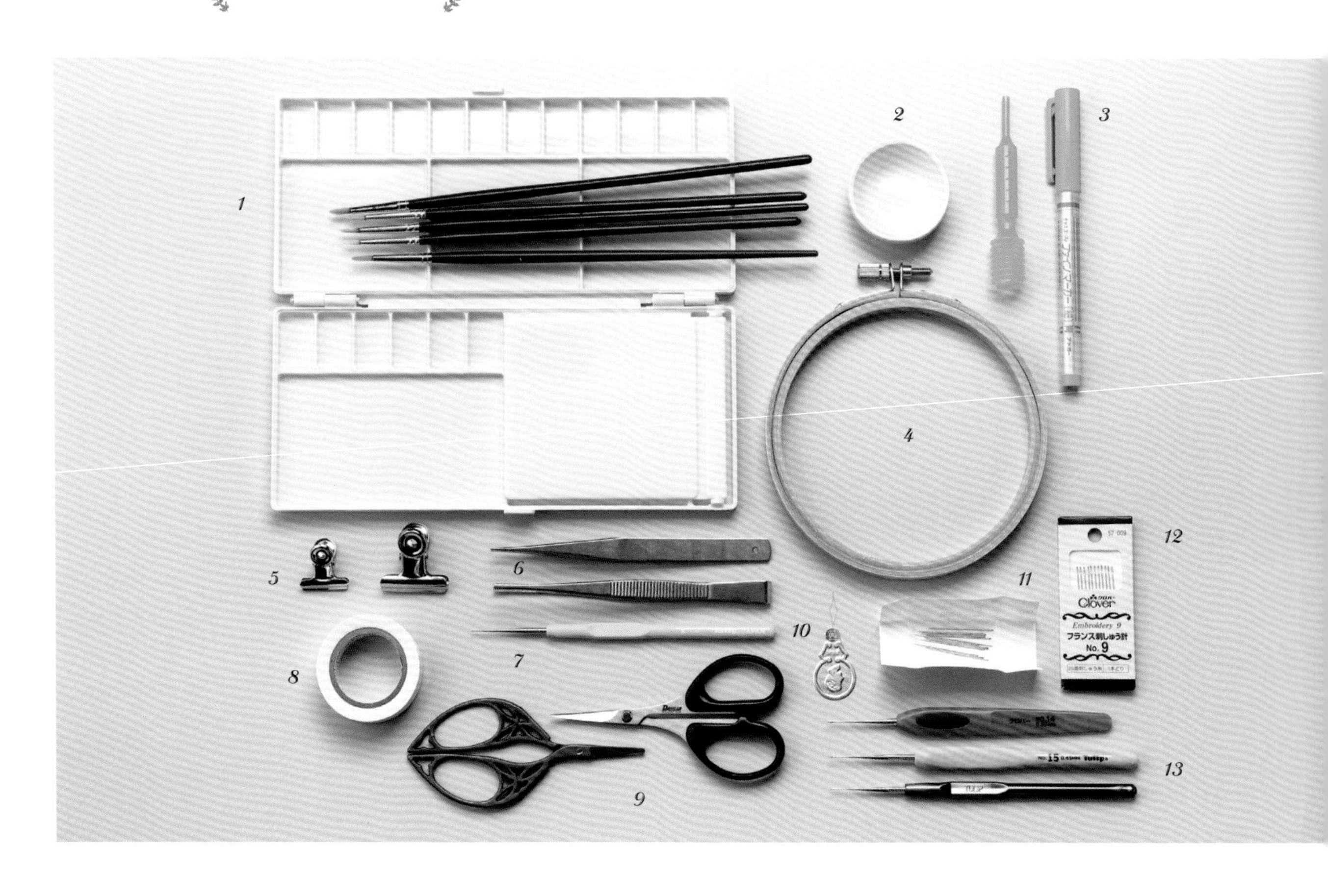

1

画笔、调色盘

使用0号画笔，每种颜色分开使用，上色效果会更加漂亮。将染料挤在调色盘上稀释或混合后使用。

2

小碟子、吸管

小碟子既可以用来放入染料调色，也可以放辅料或配件。想用水稀释染料时使用吸管。

水消笔

将纸型放在不织布上描图时使用。即使描错了，只要用含有水分的布按压一下，笔迹就会消失。

绣绷

使用直径12cm的绣绷。将不织布放在内框上，再从上面套上外框后拧紧螺丝。

5

圆头夹

用于将缝好别针的不织布粘贴在反面时临时固定。

镊子

用于调整钩织花片的形状，夹取串珠，以及沿着轮廓折弯花艺铁丝等。

锥子

在多层花瓣的钩织等情况下，针目太小很难插入钩针，此时可用锥子戳大针目。

遮蔽胶带

使用定型喷雾剂和黏合剂时，贴在刺绣和花片上起到遮蔽作用。

9

剪刀

既有剪绣线和剪不织布时用的剪刀，也有剪花艺铁丝用的剪刀，要分开使用。请选择头部细窄、比较锋利的剪刀。

穿针器

用于将线穿入缝针。因为使用的线和针都很细，所以穿针器是必不可少的。

缝针

用于将钩织的花片缝到动物主体上。尖细、短小的缝针比较好用。

12

刺绣针

使用适合1股25号刺绣线的细针。

13

蕾丝钩针

根据线的粗细使用0.35~0.5mm的蕾丝钩针。请选择用起来顺手的钩针。

基本材料

下面是制作本书作品时使用的线、不织布、染料等材料。

1 蕾丝线

本书中使用白色或原白色的DMC蕾丝线，有80号、100号、120号、160号等，也可以用缝纫线替代。

2 刺绣线

除了松鼠作品中的树莓外，本书的作品均使用1股的DMC25号刺绣线。请根据作品准备所需的颜色。

3 不织布

每个作品都需准备1块白色的不织布，大小约为15cm×15cm。

4 串珠

在钩织花片的花蕊中加上玻璃珠或珍珠会更加精美。请根据作品选择使用。

5 双面胶

将纸型放在不织布上裁剪时，以及将虎皮鹦鹉等小鸟的翅膀缝在不织布上时，可以用双面胶暂时固定。

6 别针

制作胸针时，将别针缝在背面的不织布上。请根据作品选择别针的大小。

7 定型喷雾剂

为防止钩织的花片变形，会使用定型喷雾剂。为避免喷到刺绣部分，请贴上遮蔽胶带后再使用。

8 花艺铁丝

用35号白色花艺铁丝勾勒出轮廓后再刺绣，作品会更具立体感。也有一些作品不使用花艺铁丝。

9 黏合剂

用于最后粘贴反面和正面的不织布，以及将串珠粘在花蕊上时使用。

10 人造花专用染料

用于钩织的花片上色。作品中主要使用诚和（SEIWA）株式会社的Roapas Rosti染料。上色方法和配色方法请参照p.50~51。

基础针法符号和钩织方法

以下是钩织花草部分的花片时用到的针法符号以及钩织方法。

× = 短针

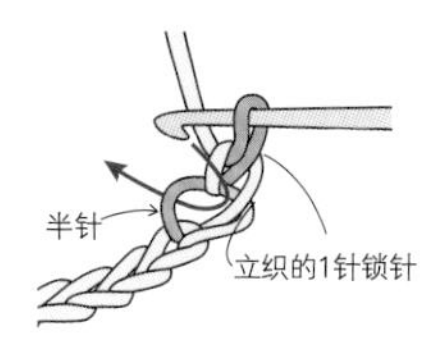

1. 立织1针锁针。
※此针不计入针数。

2. 在第1针的半针里插入钩针，针头挂线后拉出。

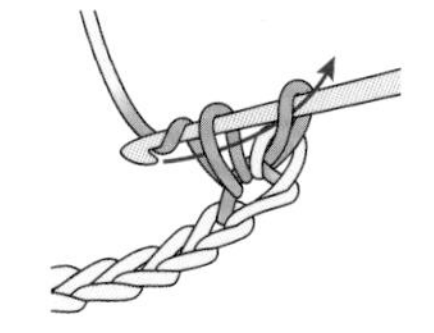

3. 针头再次挂线，朝箭头方向拉出。

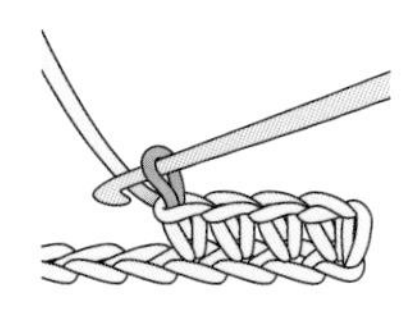

4. 重复步骤2、3。

T = 中长针

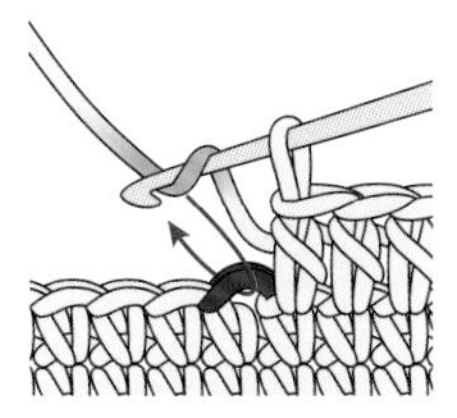

1. 针头挂线，在前一行针目头部的2根线里插入钩针。

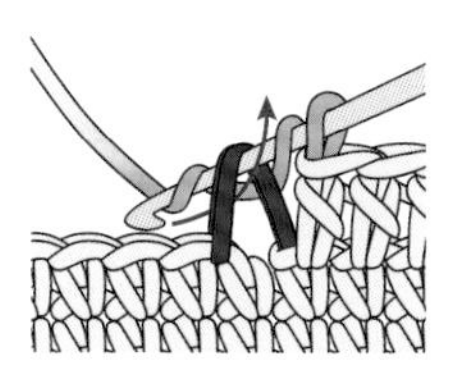

2. 针头挂线，朝箭头方向拉出。

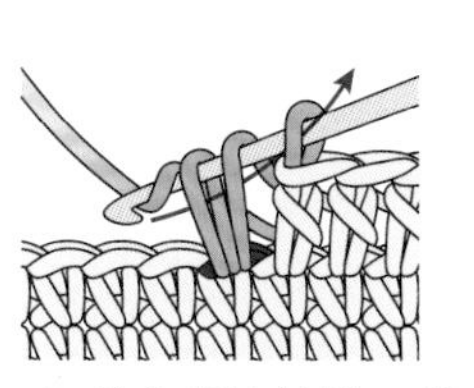

3. 针头再次挂线，朝箭头方向拉出。

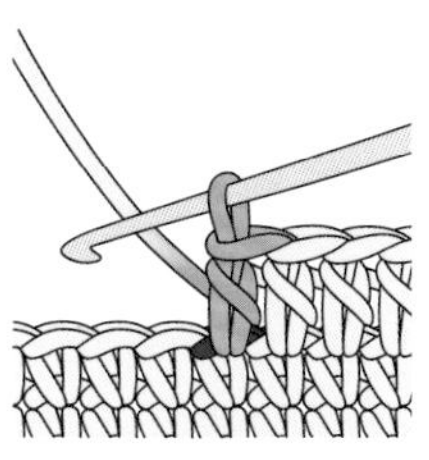

4. 中长针完成。

‡ = 长针

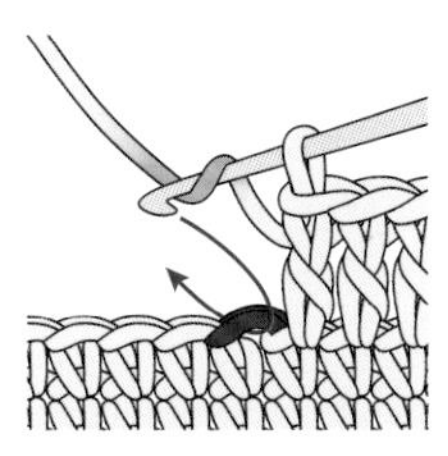

1. 针头挂线，在前一行针目的头部插入钩针。

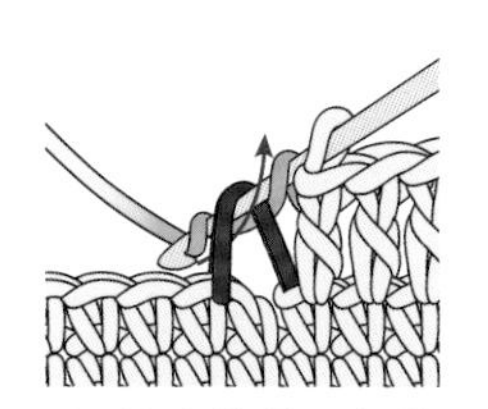

2. 针头挂线，朝箭头方向拉出。

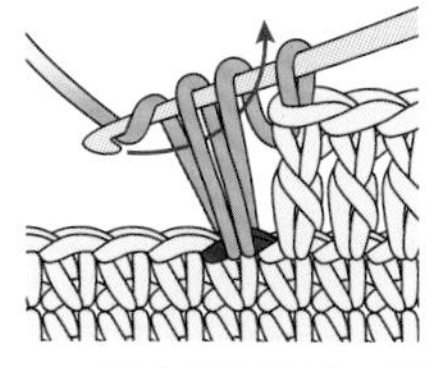

3. 针头再次挂线，朝箭头方向穿过左边的2个线圈。

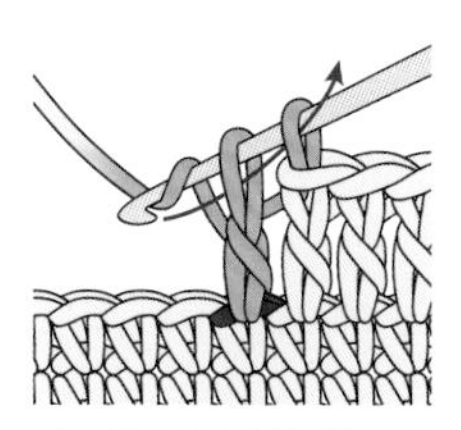

4. 针头再次挂线，朝箭头方向穿过剩下的2个线圈。

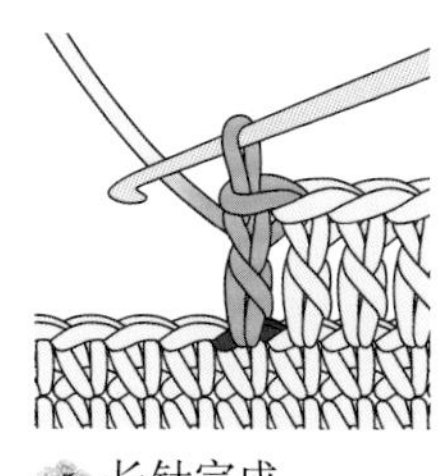

5. 长针完成。

‡ = 长长针

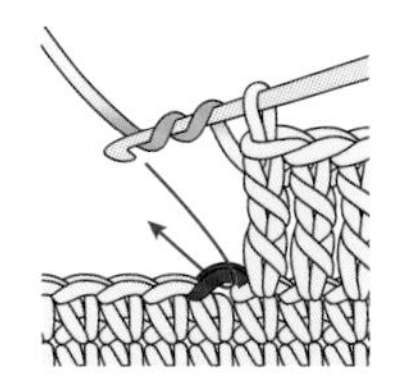

1. 在针头绕2圈线，在前一行针目的头部插入钩针。

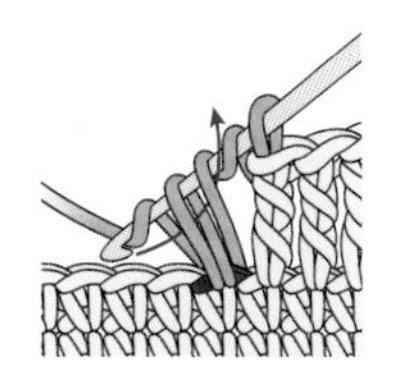

2. 针头挂线后拉出，针头再次挂线，朝箭头方向拉出。

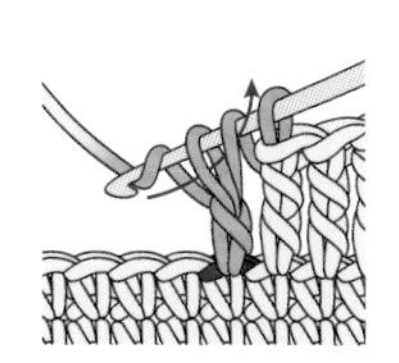

3. 针头再次挂线，朝箭头方向拉出。

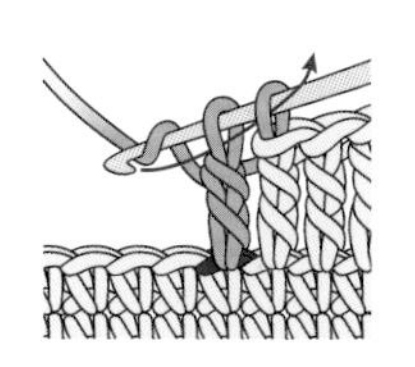

4. 重复步骤3。

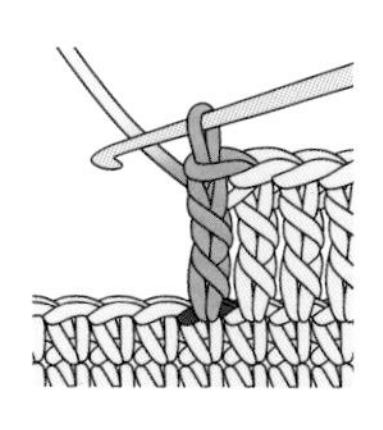

5. 长长针完成。

= 3卷长针

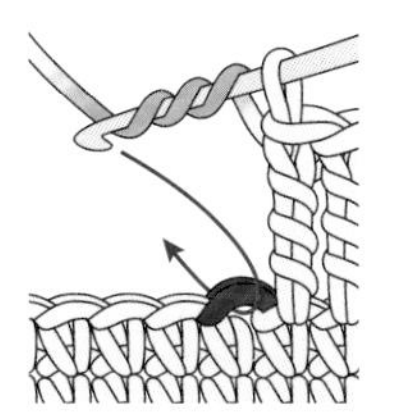

1 针头绕3圈线，在前一行针目的头部插入钩针。

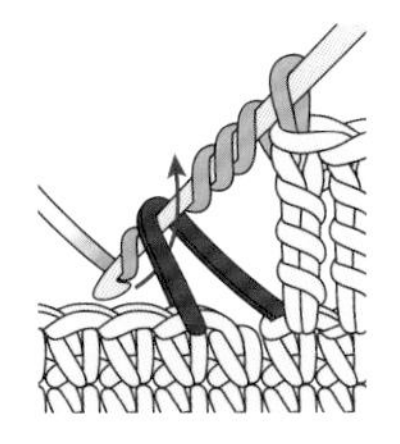

2 针头挂线，朝箭头方向拉出。

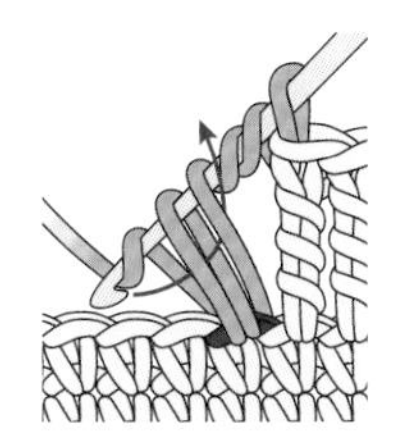

3 针头再次挂线，朝箭头方向拉出。

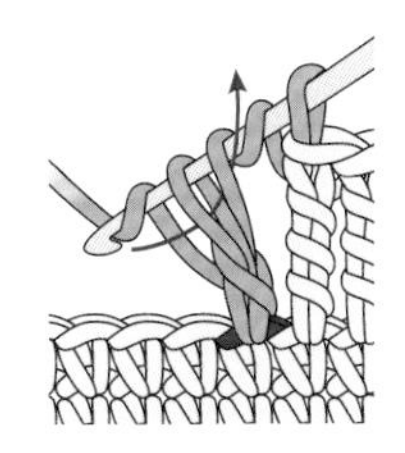

4 重复1次步骤3。

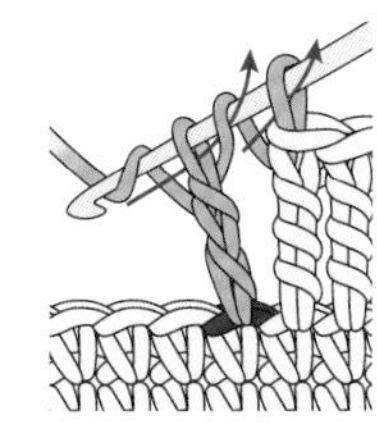

5 再重复2次步骤3。

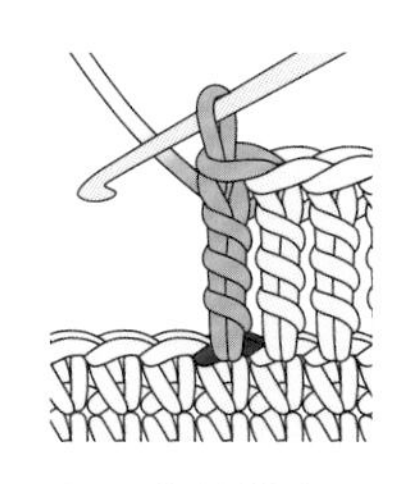

6 3卷长针完成。

● = 引拔针

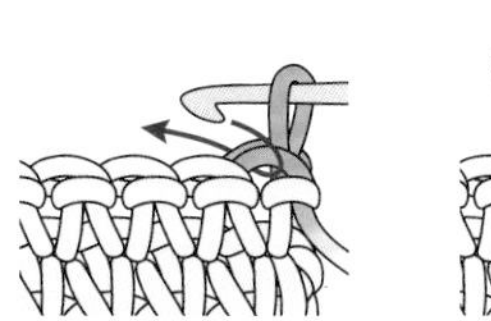

1 不织立起的锁针，在前一行针目头部的2根线里插入钩针。

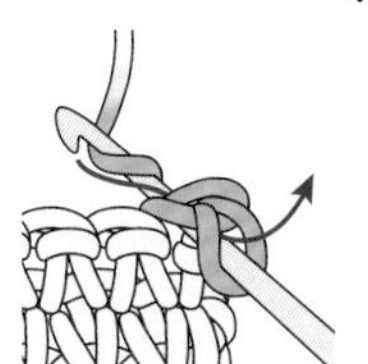

2 针头挂线，如箭头所示拉出。

= 1针放2针短针

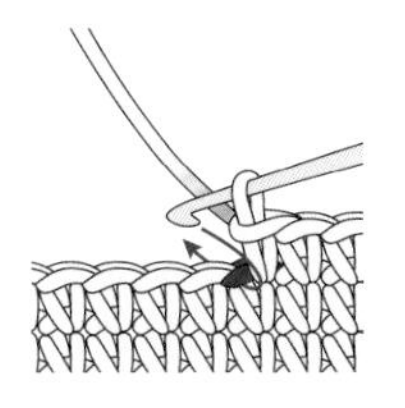

1 在前一行针目的头部插入钩针，钩1针短针。

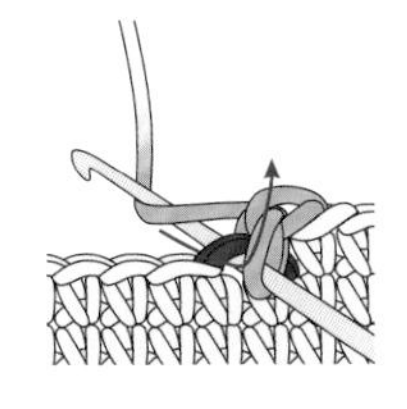

2 在步骤1相同针目的头部插入钩针，再钩1针短针。

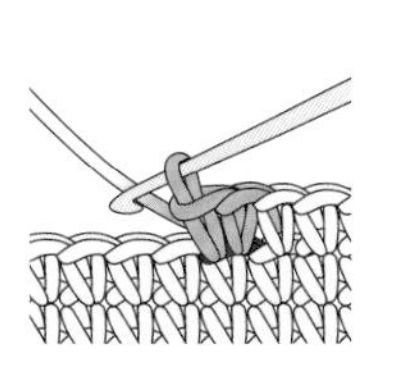

3 1针放2针短针完成。

= 短针的条纹针

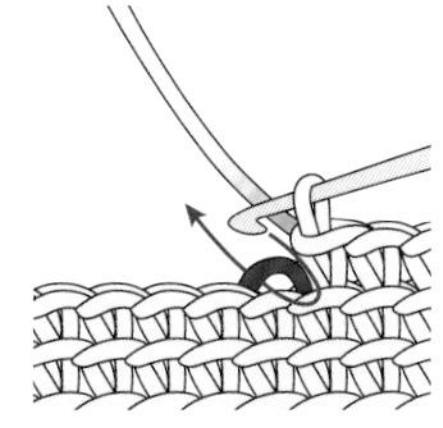

钩短针时，不要在前一行针目头部的2根线里挑针，而是仅在后侧的1根线里挑针钩织。

= 1针放2针长针

1 在前一行同一个针目里钩2针长针。

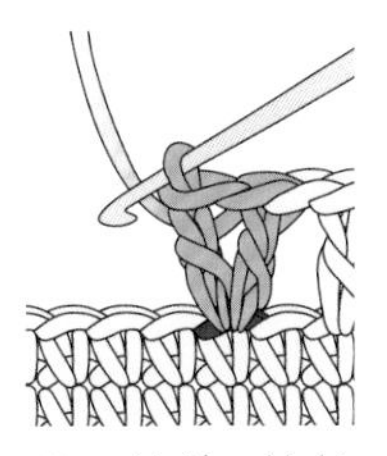

2 1针放2针长针完成。

1针放3针及以上时也一样！
1针放3针及以上时的钩织要领也相同。例如，钩织三叶草时，分别在同一个针目里钩入5次3卷长针，钩出叶片的形状。

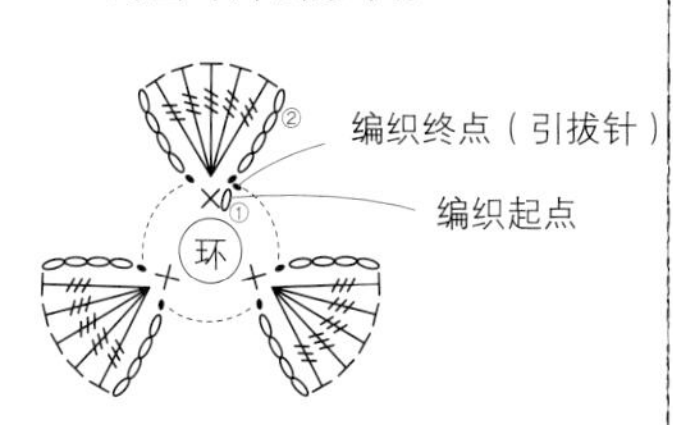

⬭ = 锁针

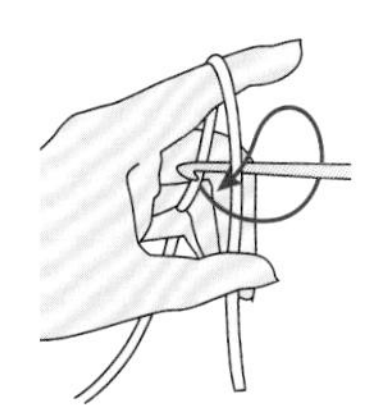

1 如箭头所示转动钩针挂线。

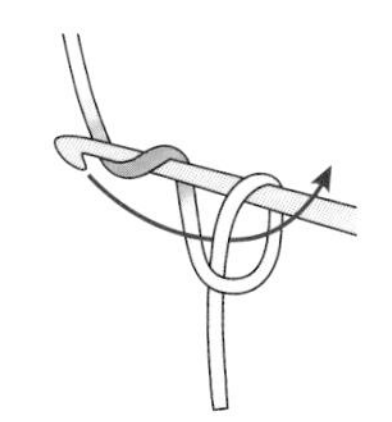

2 针头挂线，如箭头所示拉出。

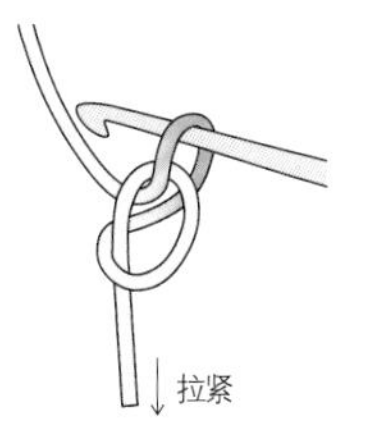

3 拉动线头调整线圈的大小。

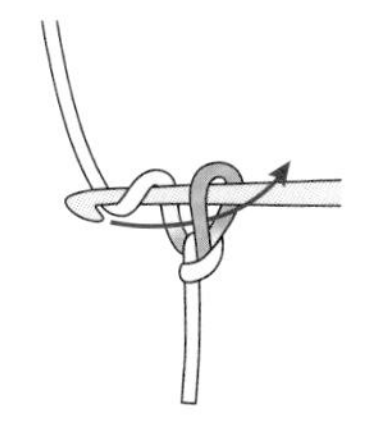

4 针头挂线，如箭头所示拉出。此为第1针。

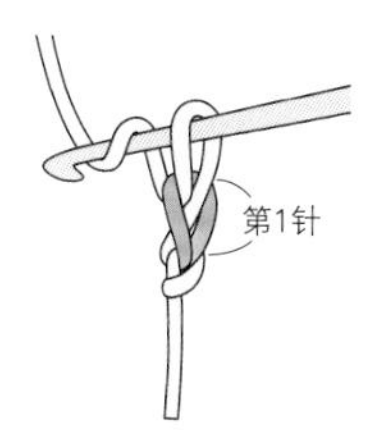

5 重复“针头挂线、拉出”，钩织指定针数。

钩织花草部分的花片

一起来钩织装饰动物的花片吧！为了便于理解，图中使用20号线钩织。实际钩织时，请使用指定粗细的线。

小花（大）的钩织方法

环形起针后钩1圈短针作花蕊，在第2圈钩织花瓣。

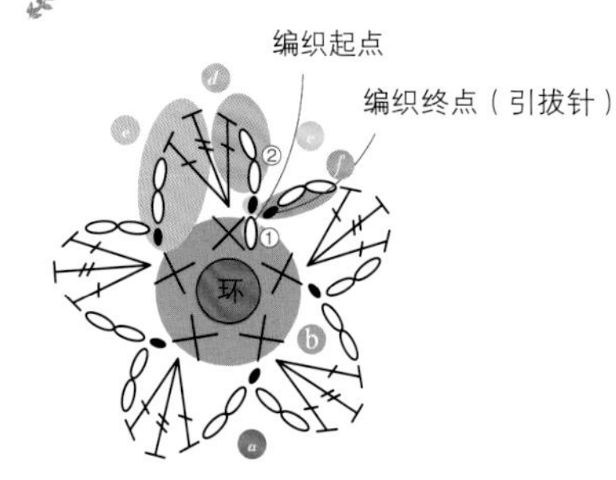

ⓐ制作线环

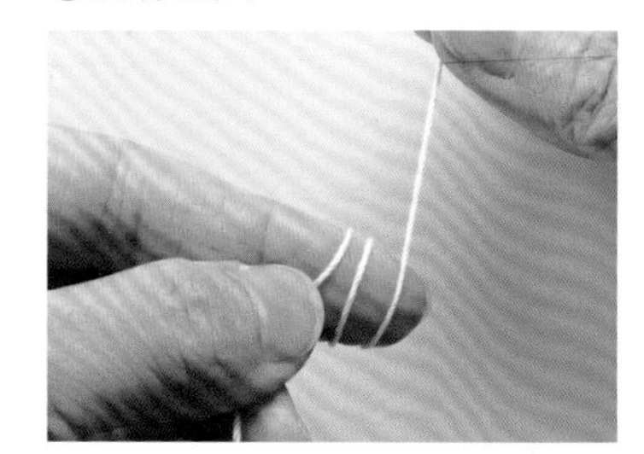

1 在左手食指的指尖绕2圈线。

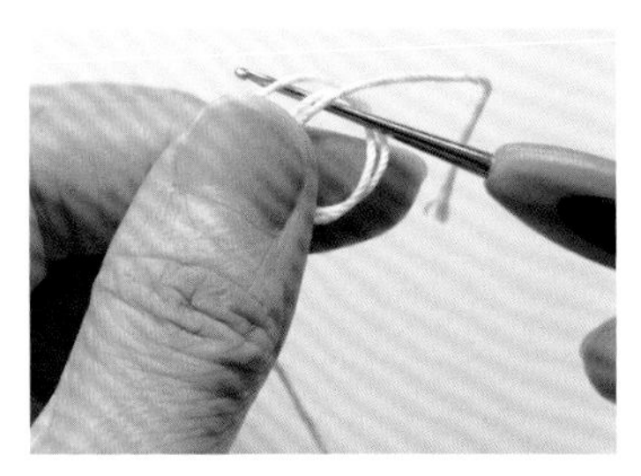

2 将所绕的线环取下，用左手的食指和拇指捏住交叉位置。

3 此时，在左手的无名指上绕2圈线，方便后面调整线的松紧度。

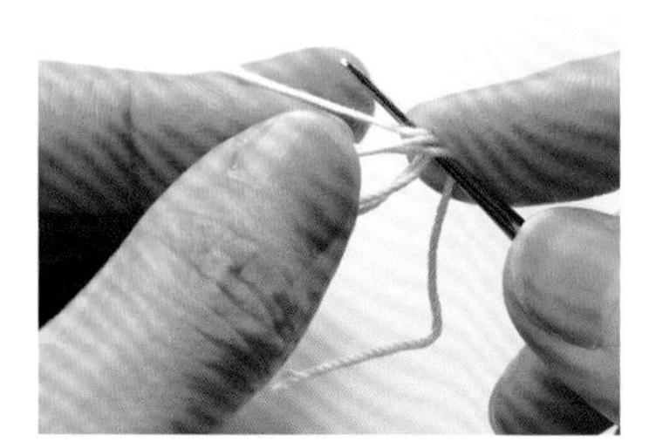

4 在线环中插入钩针头。

ⓑ立织1针锁针后钩织第1圈短针

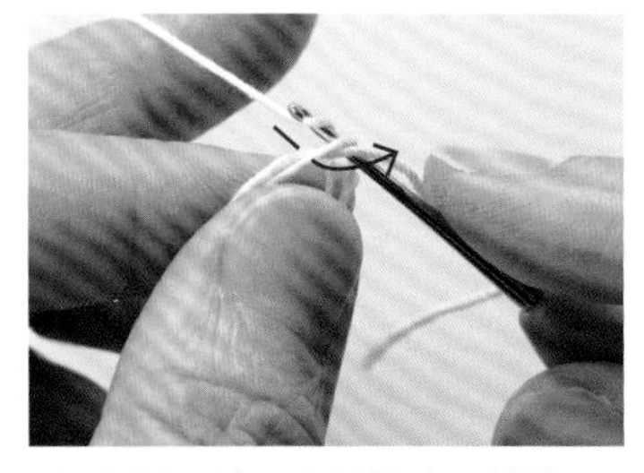

5 在插入线环中的针头上挂线。

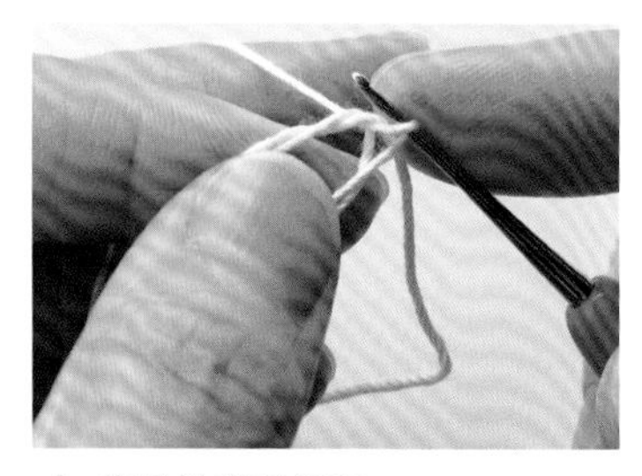

6 将线拉出至前面。

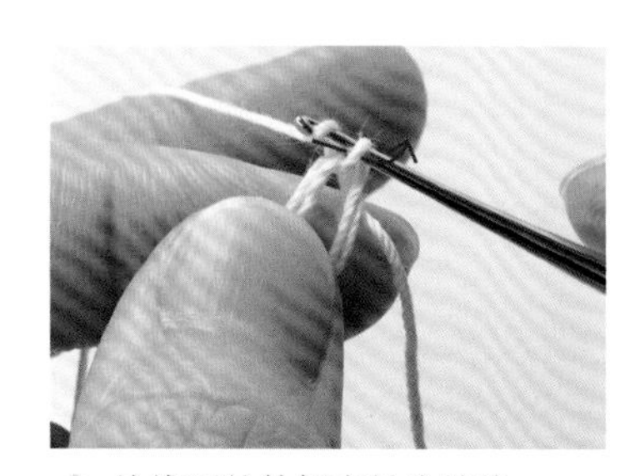

7 从线环的外侧在针头挂线。

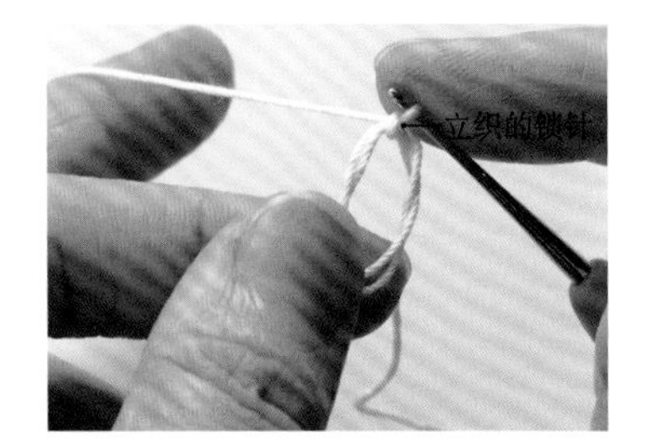

8 将线从钩针上的线圈中拉出。这就是立织的1针锁针。

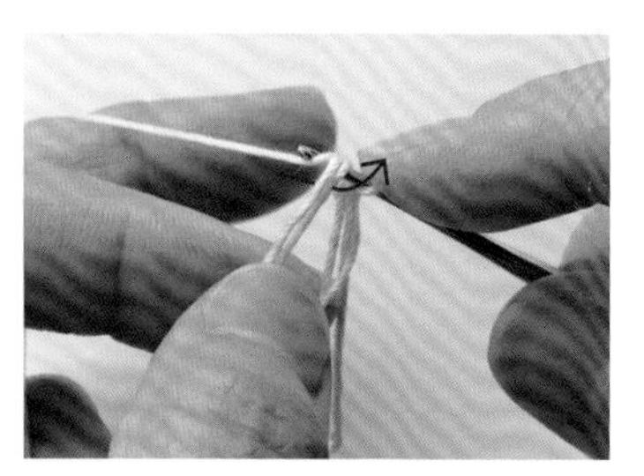

9 针头再次插入线环中挂线。

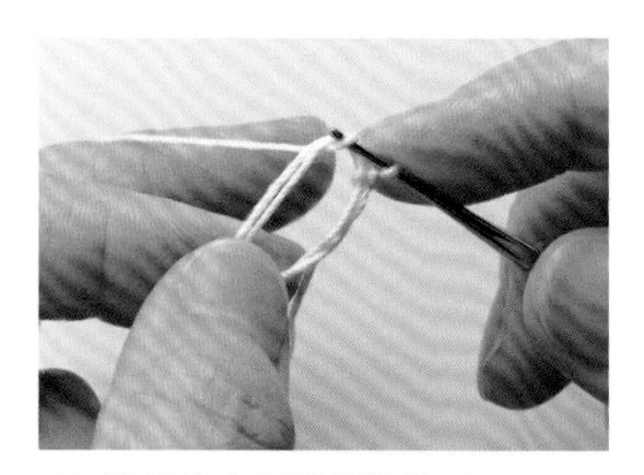

10 将线拉出至线环的前面。

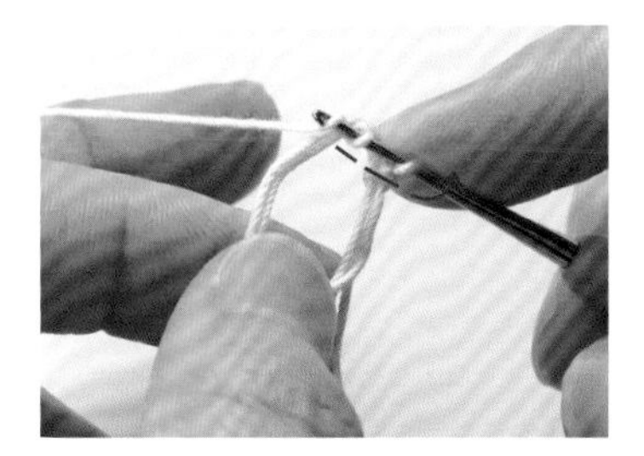

11 从线环的外侧在针头挂线，将线从钩针上的线圈中拉出。

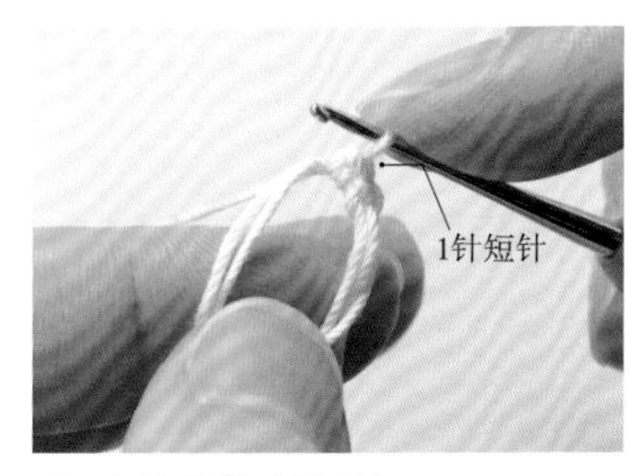

12 这就是第1针短针。

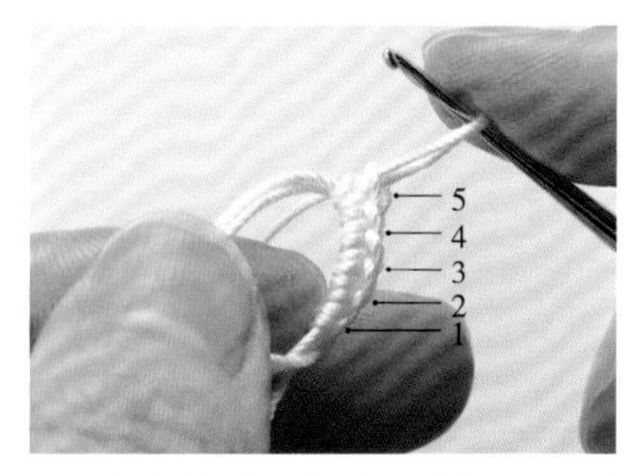

13 在小花（大）中，钩织5针短针。

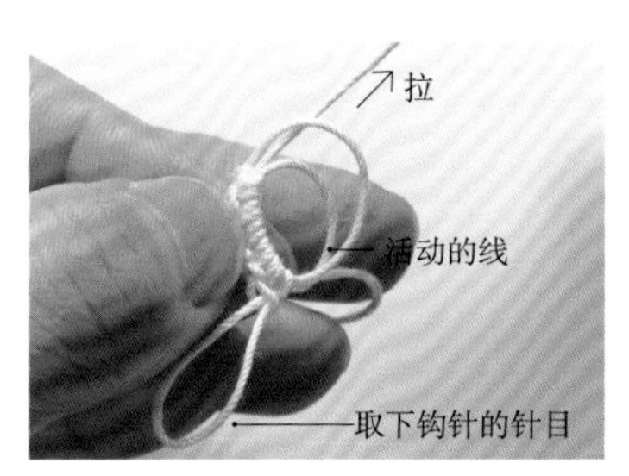

14 暂时取下钩针，轻轻拉动短线头，确认线环中哪根线在活动。

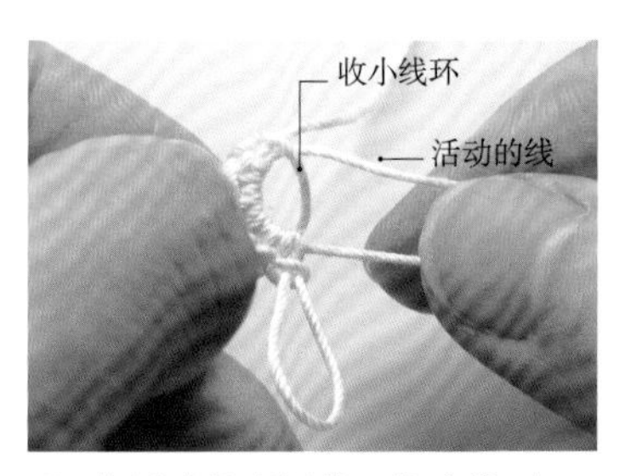

15 拉活动的那根线，收小线环。

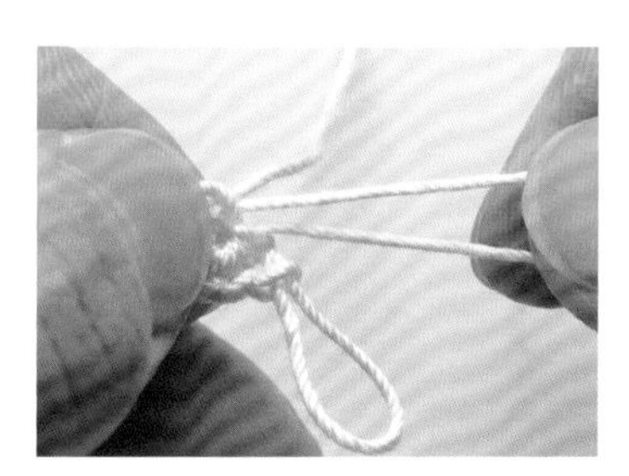

16 用力拉紧。

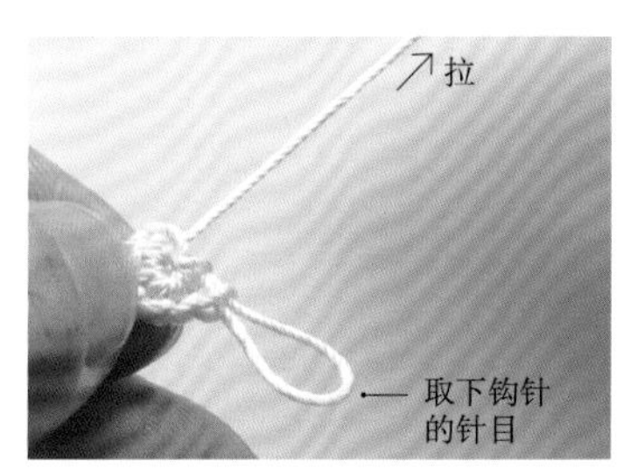

17 再次拉动线头，收紧露在外侧的线环。

c 钩引拔针

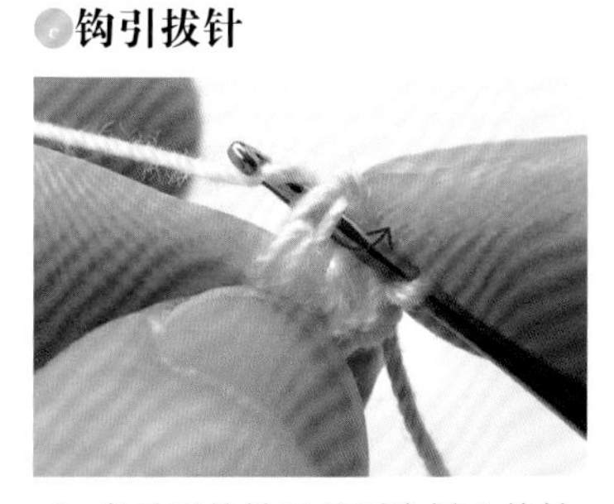

18 在最后的针目里再次插入钩针，然后在第1针的头部2根线里插入钩针，挂线。

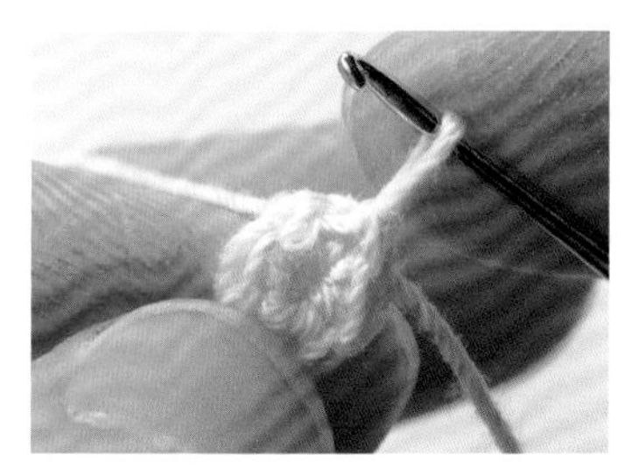

19 引拔。至此，第1圈（花蕊）完成。

d 开始钩织第2圈

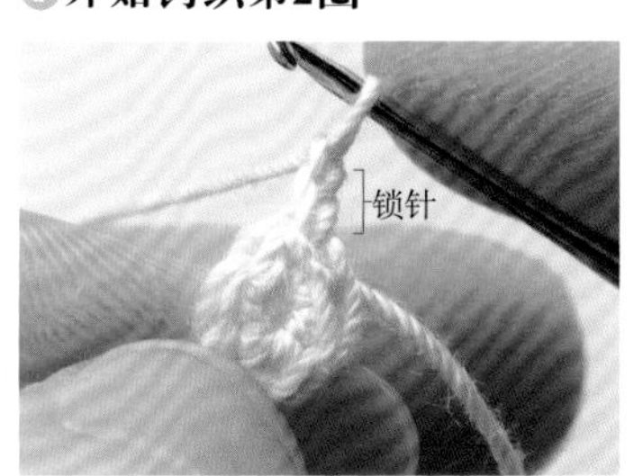

20 立织2针锁针。

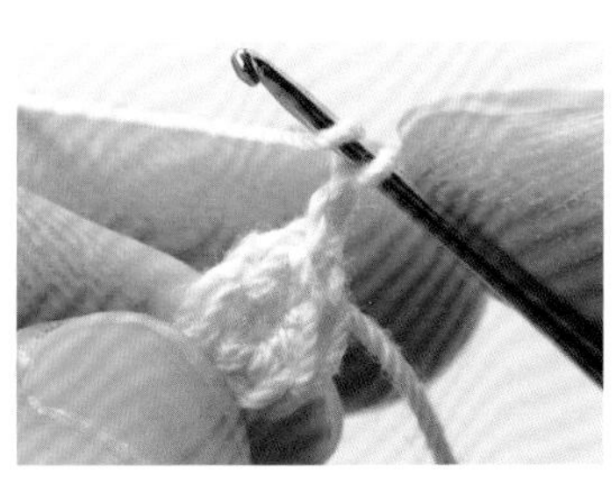

21 在针头绕1圈线，钩长针（→p.28）。

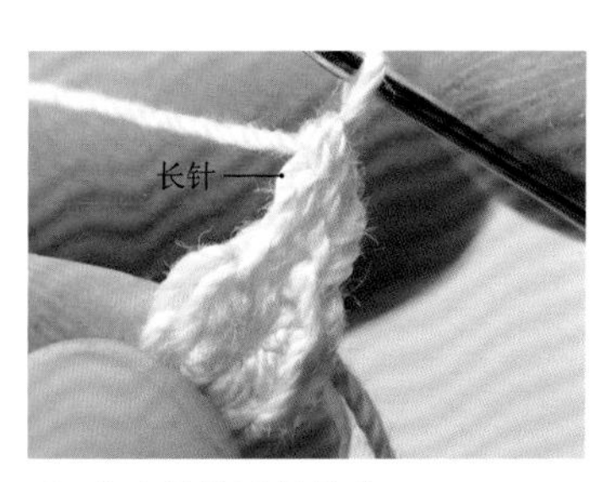

22 钩完长针后的状态。

ⓔ 钩长长针、长针，在下个针目里引拔

23 在针头绕2圈线，钩长长针（→p.28）。

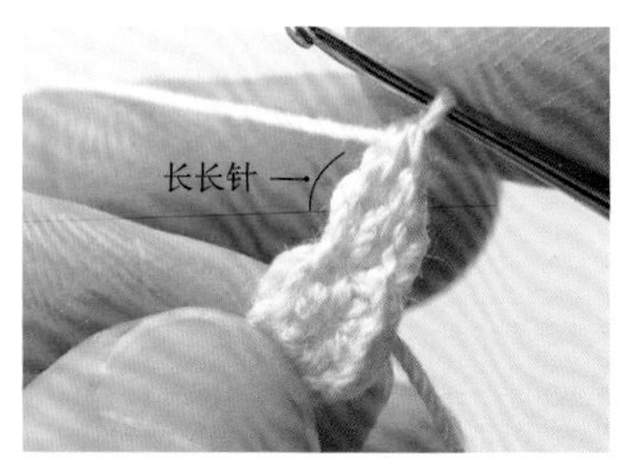

24 长长针完成。

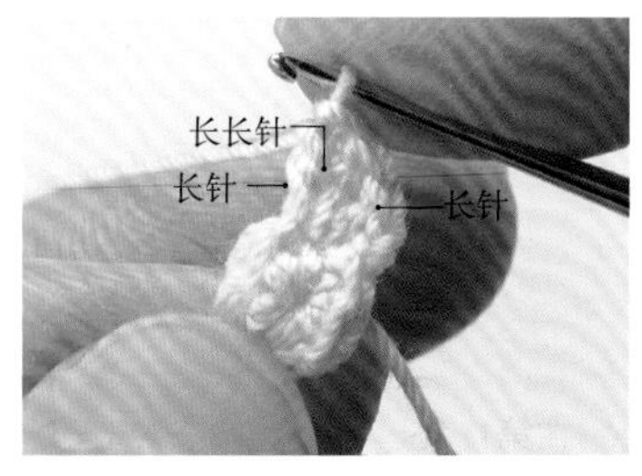

25 钩长针。

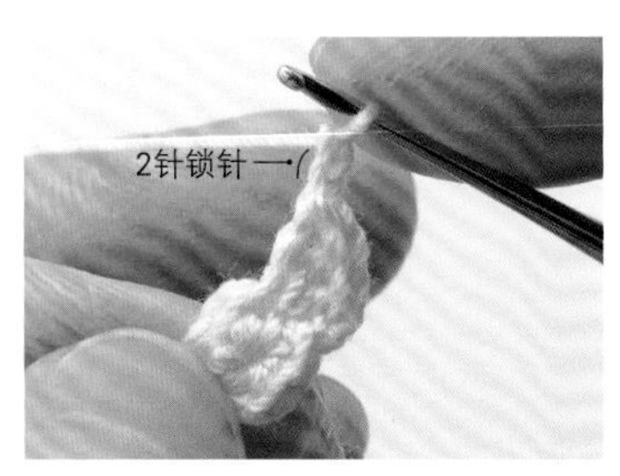

26 钩2针锁针。

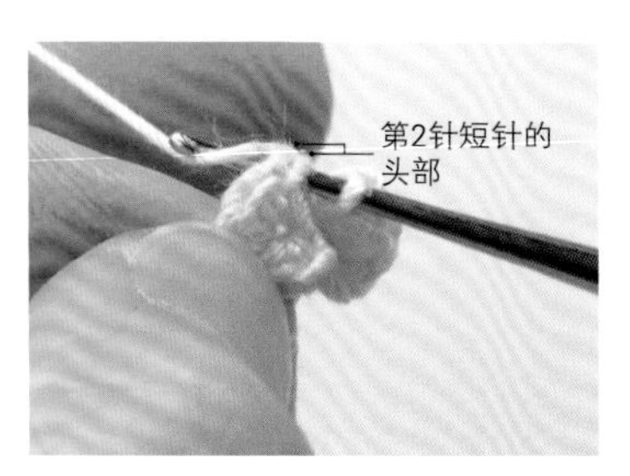

27 在第2针短针头部的2根线的下方插入钩针，针头挂线。

28 引拔。至此，1片花瓣完成。

ⓕ 钩完剩下的花瓣

29 钩完第5片花瓣的长针、2针锁针后的状态。

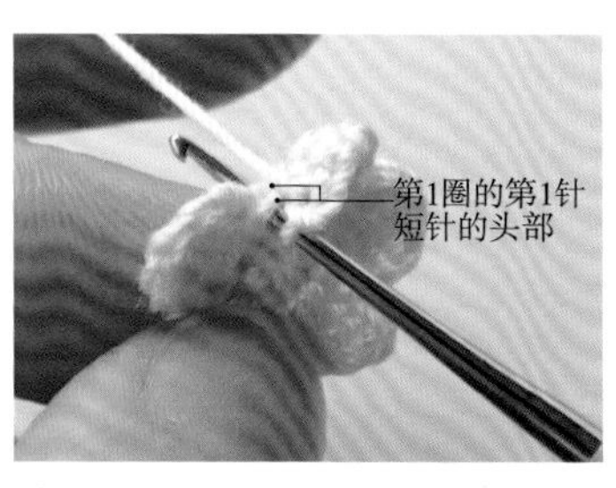

30 在第1圈的第1针短针的头部插入针头，挂线后引拔。将拉出的线留25cm左右后剪断。

31 小花（大）完成。拉紧编织起点的线头，在不显眼的地方穿过3~4个针目后剪断。

小花（小）的钩织方法

按小花（大）相同要领钩织第1圈。第2圈按锁针和长针钩织花瓣。

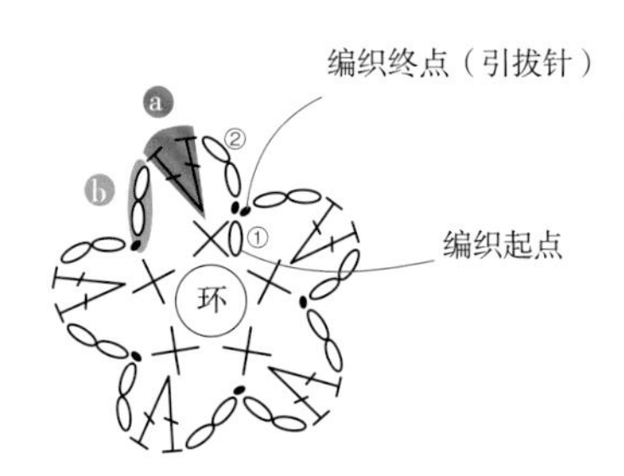

ⓐ 1针放2针长针

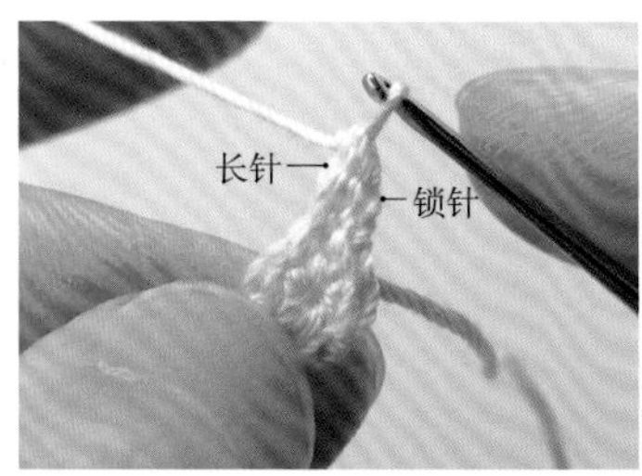

1 按小花（大）的步骤ⓐ~ⓒ相同要领钩织第1圈，然后钩2针锁针、长针。

ⓑ钩锁针后引拔

② 在第1针里钩入2针长针（→p.28）。

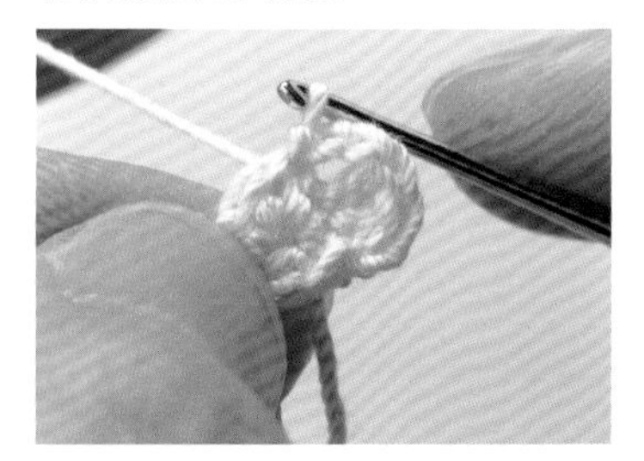

③ 钩2针锁针后在下个针目的头部插入钩针钩引拔针（→p.32步骤27）。

④ 再重复4次步骤1~3，最后在第1针的头部插入钩针钩引拔针（→p.32步骤30）。

花瓣变化时★的钩织方法

想要钩织尖头花瓣时可以使用这种方法。银莲花和大丽菊也按此要领钩织。

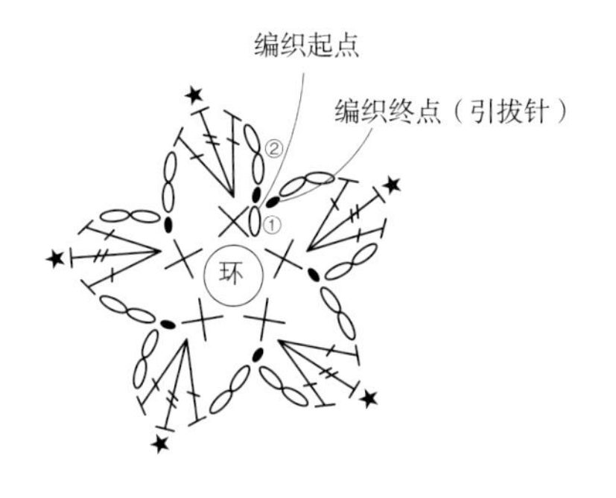

① 钩至第2圈★前的长长针时的状态。

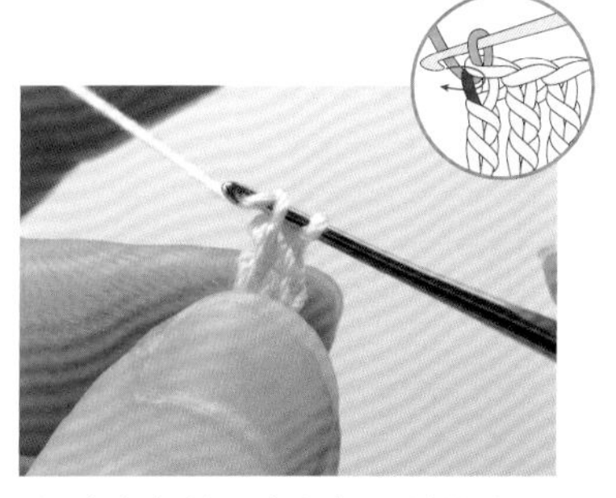

② 在长长针下方根部左端的线里（参照图示）插入钩针，针头挂线。

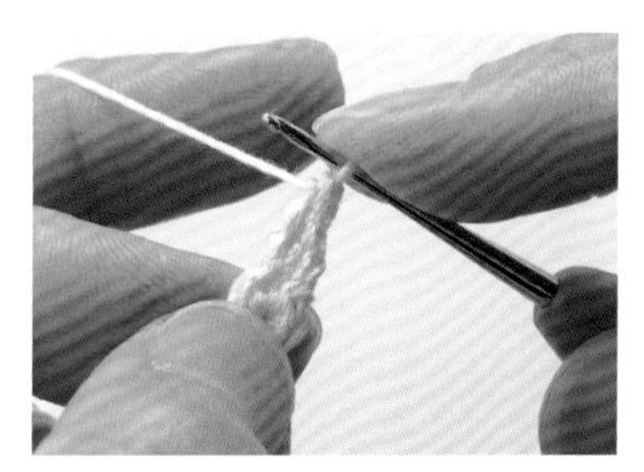

③ 引拔。

④ 继续按图解钩织。尖头花瓣的小花就完成了。

小花的实物大小样片

作品中出现最多的就是小花。虽然有（大）、（小）两种编织图，但是也可以通过改变用线的粗细来调整花片的大小。还可以用刺绣线和缝纫线钩织，使花片更富于变化。

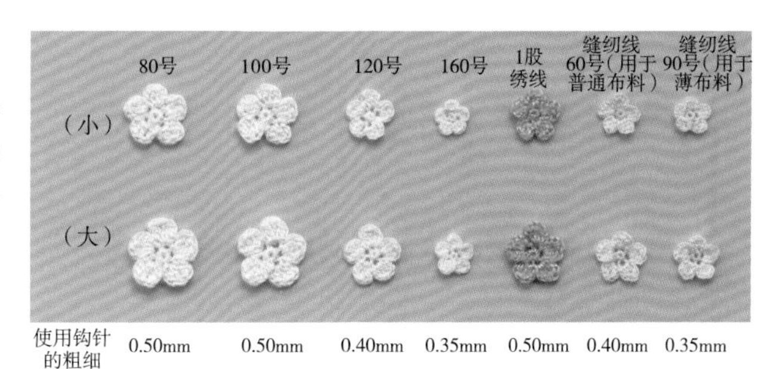

使用钩针的粗细	0.50mm	0.50mm	0.40mm	0.35mm	0.50mm	0.40mm	0.35mm

紫罗兰的钩织方法

按小花（大）的相同要领钩织第1圈。第2圈立织4针锁针，然后钩1针放3针的3卷长针，钩织成花瓣的形状。

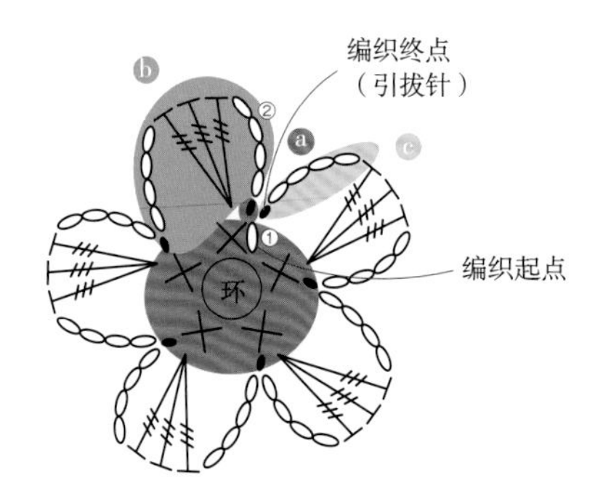

ⓐ钩织第1圈

1 按小花（大）的相同要领钩织第1圈的5针短针，最后钩引拔针。

ⓑ立织4针锁针，接着钩1针放3针的3卷长针

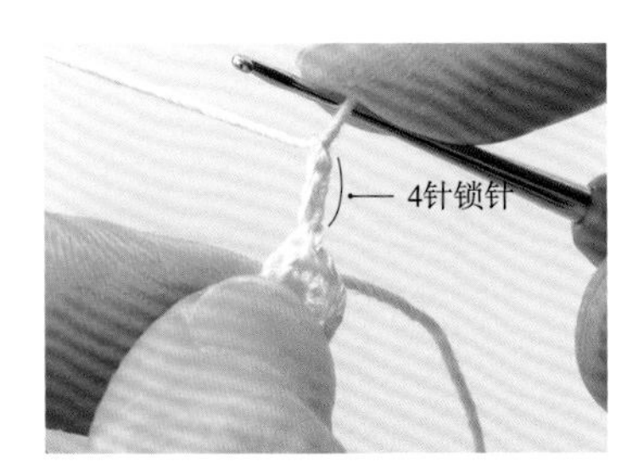

2 钩4针锁针。

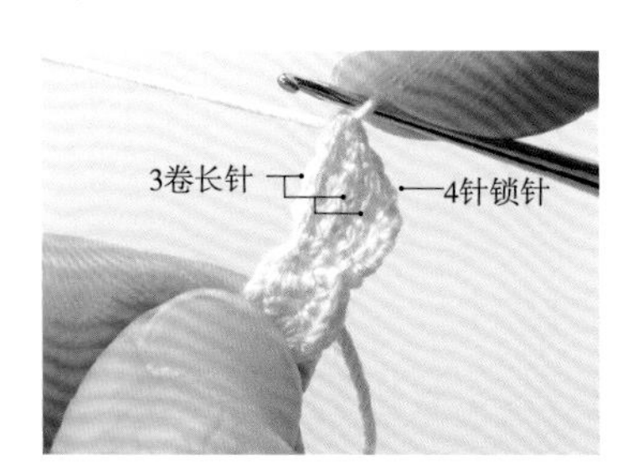

3 在1个针目里钩3针3卷长针（→p.29）。

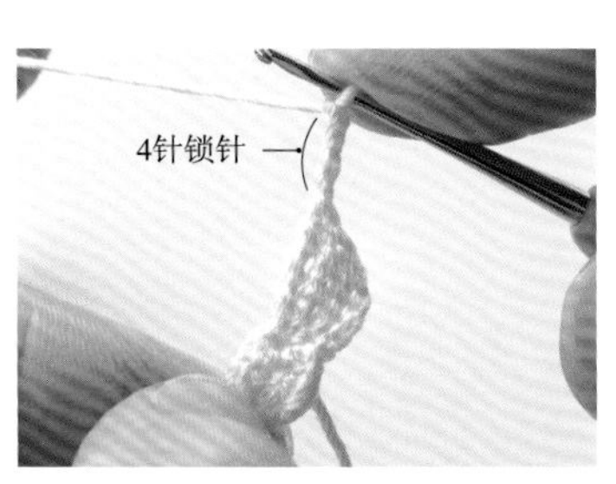

4 再钩4针锁针。

ⓒ钩完剩下的花瓣

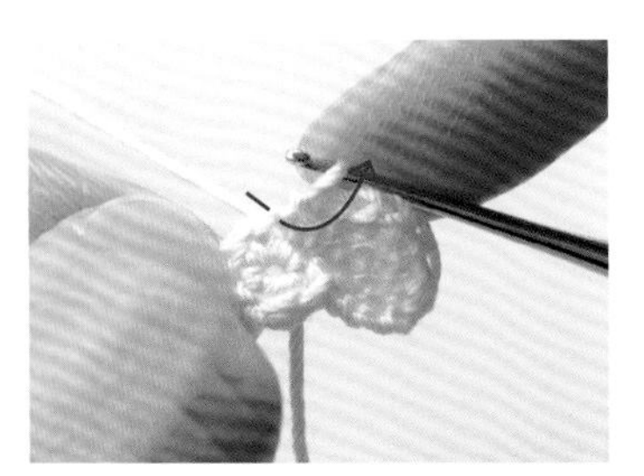

5 在下个针目的头部插入钩针，挂线后钩引拔针。

6 重复步骤2~5，一共钩织5片花瓣。

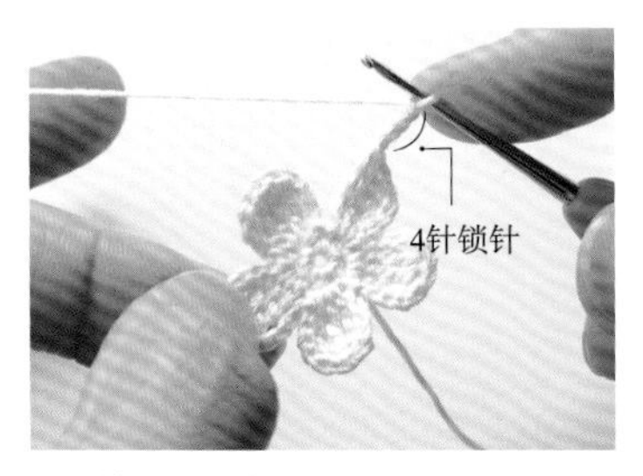

7 第5片花瓣的最后，钩4针锁针。

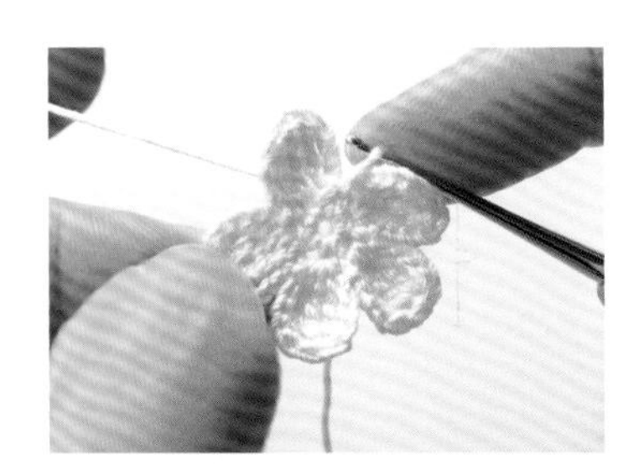

8 在第1针的头部插入钩针，钩引拔针。

9 紫罗兰完成。

叶子的钩织方法

与花朵不同，叶子是钩锁针起针。在锁针的半针里挑针，钩一圈短针、中长针和长针，钩成叶子的形状。

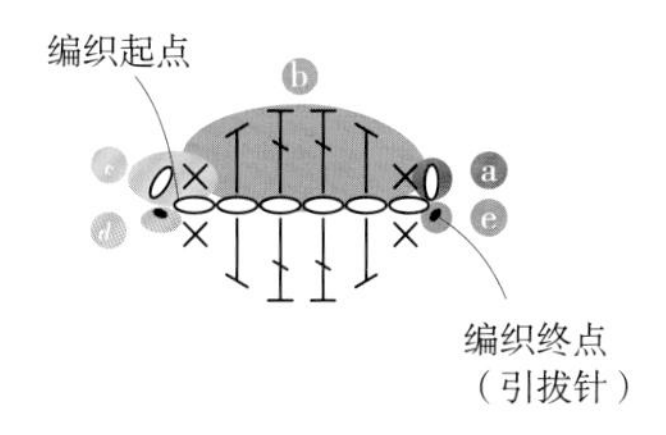

ⓐ钩立起的锁针

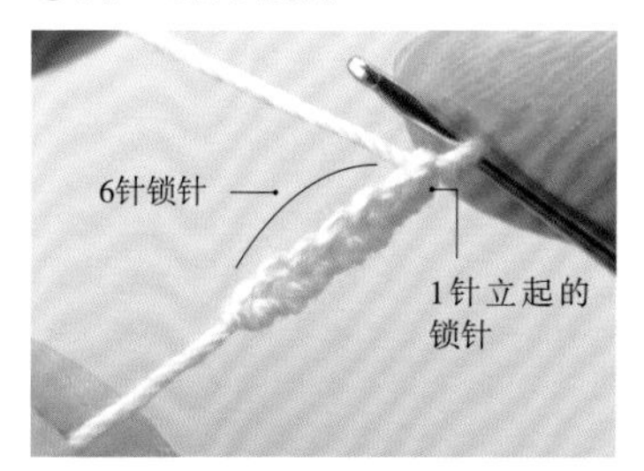

1 钩6针锁针（→p.29），再钩1针立起的锁针。

ⓑ按短针、中长针、长针的顺序钩织

2 在靠近钩针的第2针锁针的半针即1根线里插入钩针钩短针（→p.28）。

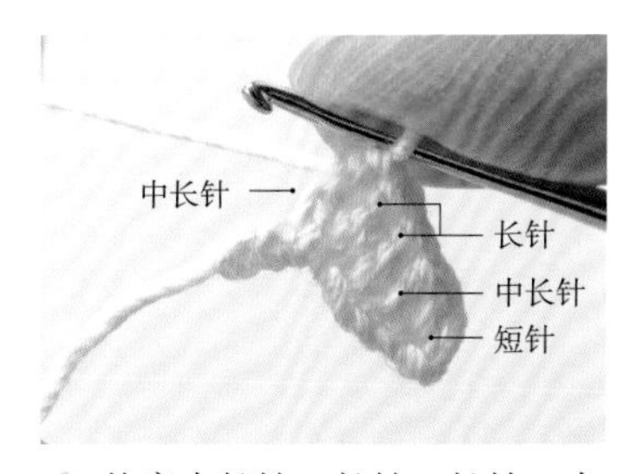

3 钩完中长针、长针、长针、中长针后的状态。

ⓒ钩1针锁针

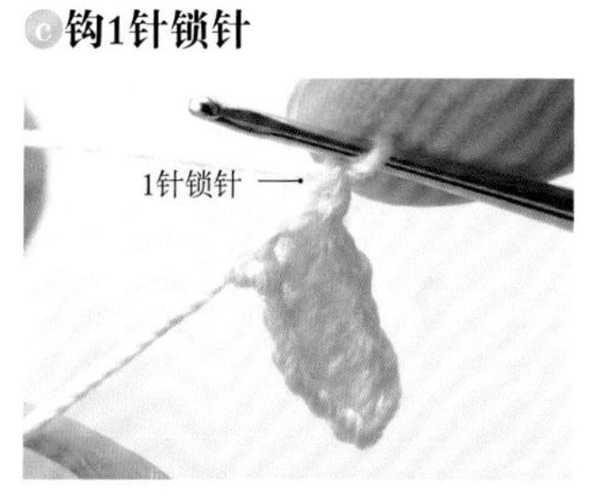

4 钩1针短针，再钩1针锁针。

ⓓ钩引拔针

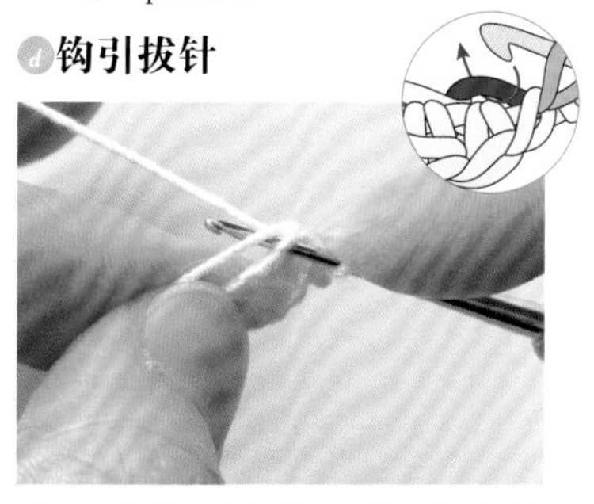

5 在钩第6针短针后剩下的半针里插入钩针，钩引拔针。

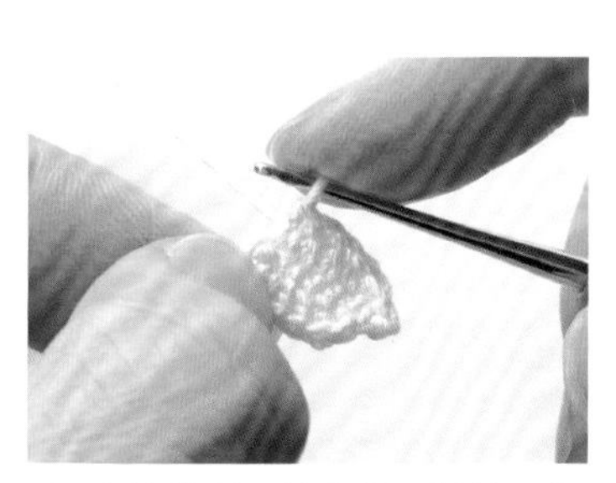

6 在锁针剩下的半针里挑针，按ⓑ的相同要领继续钩织。

ⓔ钩引拔针

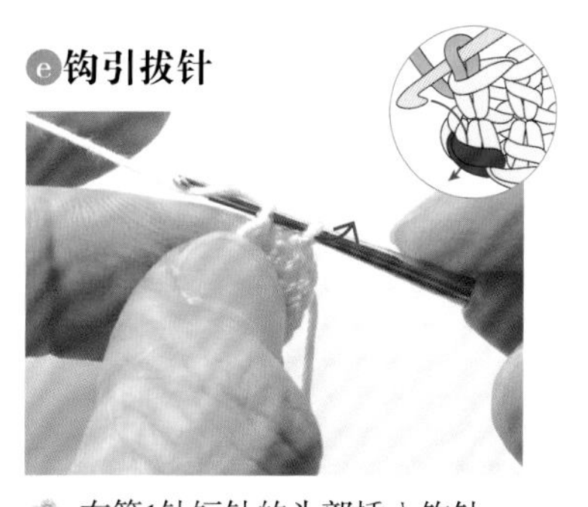

7 在第1针短针的头部插入钩针，钩引拔针。

8 叶子完成。

翠鸟尾巴的钩织方法

与叶子相同，钩6针锁针起针后再立织1针锁针。在锁针的半针里挑针，按短针和中长针钩一圈。

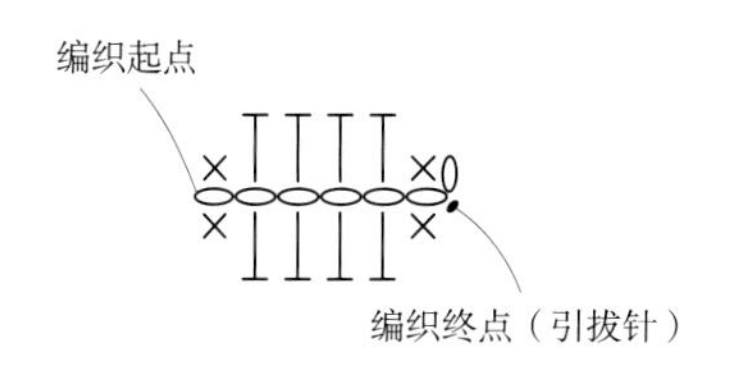

山茶花的钩织方法

按小花（大）的相同要领钩织第1圈。第3、4圈一边钩短针的条纹针一边加针，在第5圈钩织花瓣。第6圈在第3圈挑针，第7圈在第2圈挑针钩织花瓣，钩好的花瓣呈重叠状。

※ 为了便于理解，图中每圈更换颜色钩织。

第1~5圈的编织图

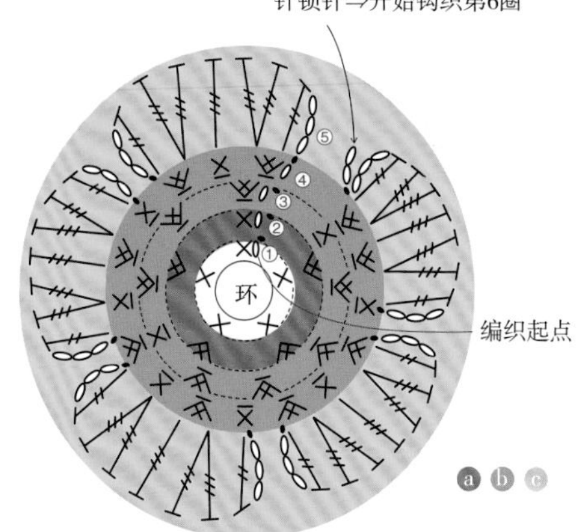

●第1~4圈的针数表

圈数	针数	加针方法
4	25	加9针
3	16	加7针
2	9	加4针
1	在线环中钩入5针	

a 从第2圈开始加针

1 钩织4次“1针放2针短针”（→p.29），一共加4针。

b 第3、4圈钩条纹针

2 第3圈钩短针的条纹针，钩织7次“1针放2针短针”（→p.29），一共加7针。

3 在第1针的头部插入钩针钩引拔针，第3圈完成。此时一共16针。

4 第4圈也按相同要领加9针，一共25针。在第1针的头部插入钩针，钩引拔针。

c 钩织5片花瓣

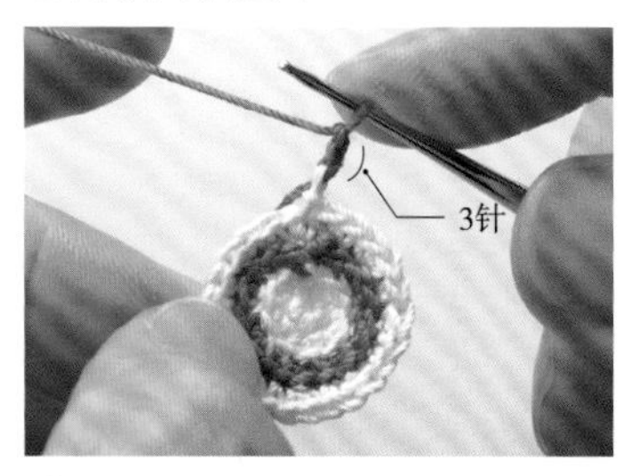

5 立织3针锁针。

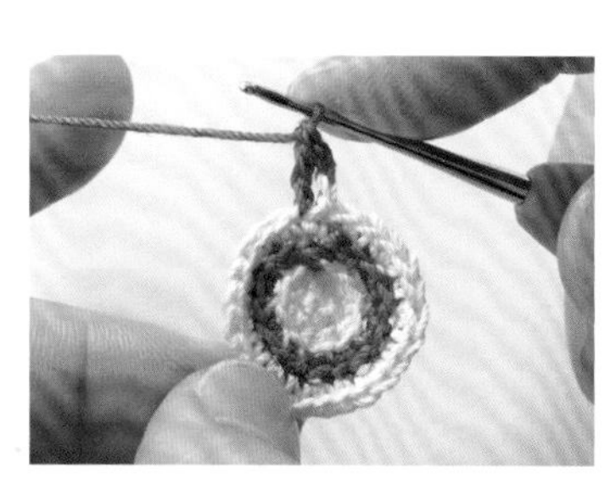

6 第1针钩长长针（→p.28）。

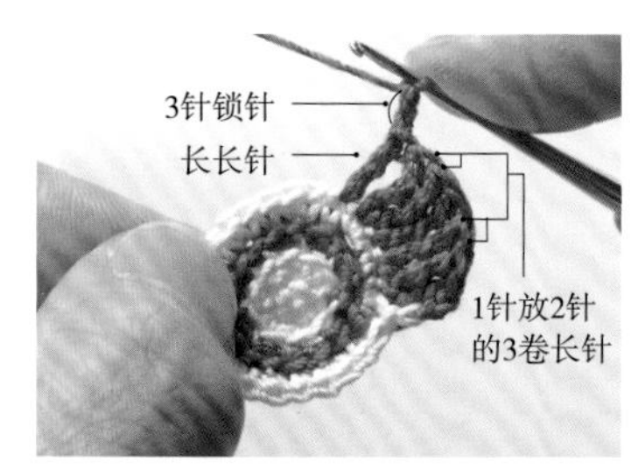

7 接着钩3卷长针（→p.29）、长长针、3针锁针。

8 在第5针的头部钩引拔针后，1片花瓣完成。

9 重复步骤5~8，一共钩织5片花瓣。

10 钩2针锁针，准备钩织下一圈。

第6圈的编织图

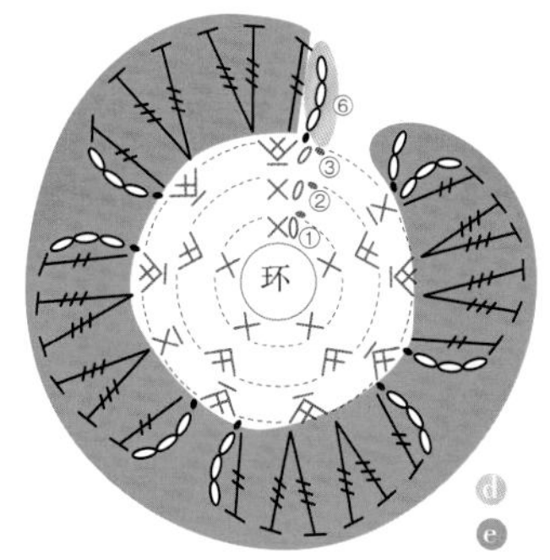

省略第4、5圈

d 在第3圈的前侧半针里挑针钩织

11 在第3圈第1针的前侧半针里插入钩针，钩引拔针。

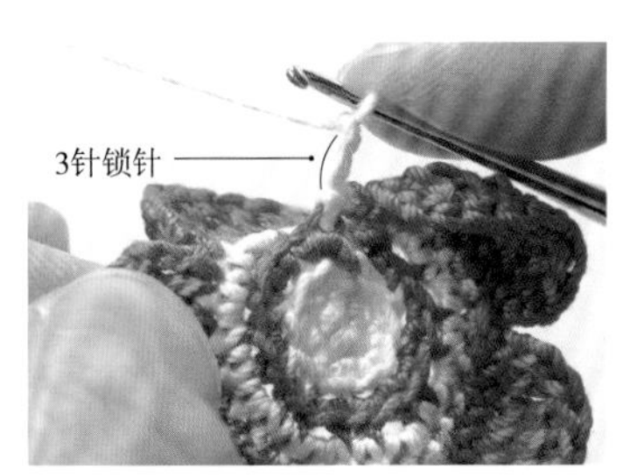

12 立织3针锁针。

e 钩织4片花瓣

13 在第1针里钩长长针，在第2针里钩1针放2针的3卷长针。

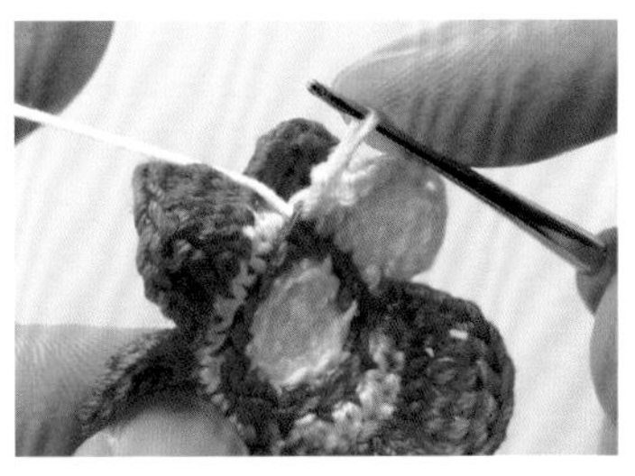

14 钩1针放2针的3卷长针、长长针、3针锁针，然后钩引拔针。

15 在第3圈的半针里挑针钩织4片花瓣后，再钩2针锁针，准备钩织下一圈。

第7圈的编织图

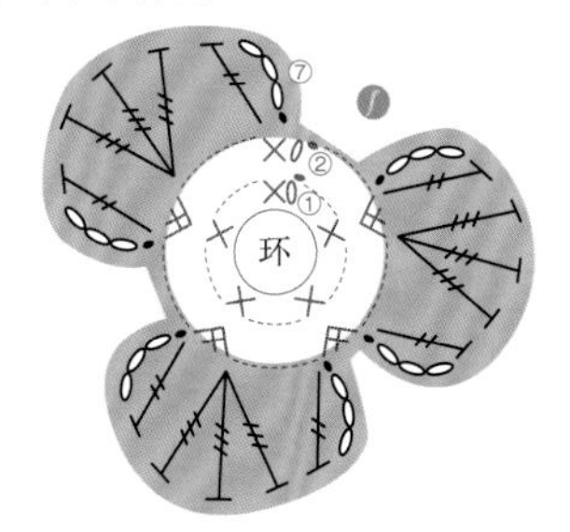

省略第3~6圈

f 在第2圈挑针钩织3片花瓣

16 在第2圈第1针的前侧半针里插入钩针，钩引拔针。

17 在第2圈的前侧半针里挑针钩织3片花瓣。

三色堇的钩织方法

分别钩织上、下两层花片，上色后在中心位置缝合。

上层花片的编织图

环

①

②

编织终点（引拔针）

编织起点

ⓐ ⓑ ⓒ

ⓐ第1圈钩入6针短针

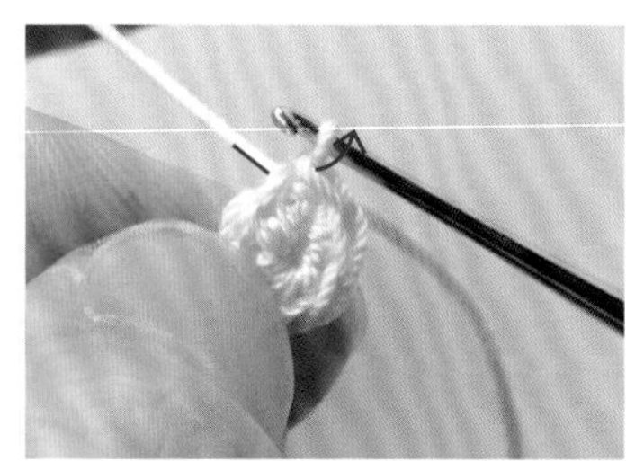

1 钩入6针短针后，在最初针目的前侧半针里插入钩针，钩引拔针。

ⓑ1针放8针的3卷长针

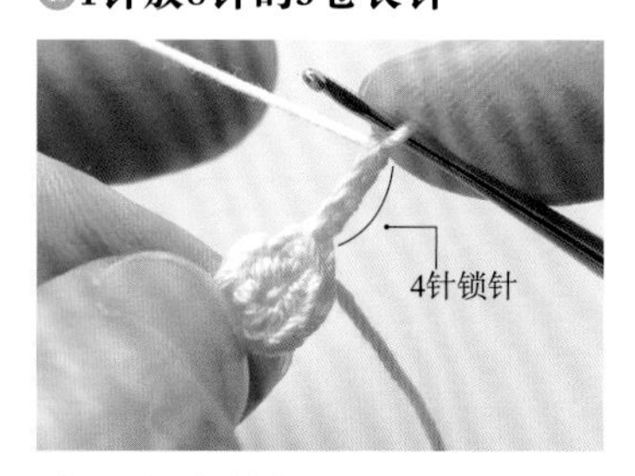

2 立织4针锁针。

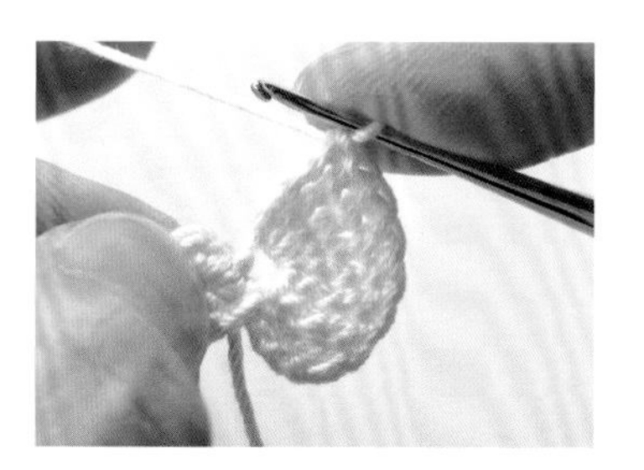

3 钩1针放8针的3卷长针（→p.29）。

4 钩4针锁针，然后在同一个针目里插入钩针，钩引拔针。

ⓒ每隔1针钩织花瓣

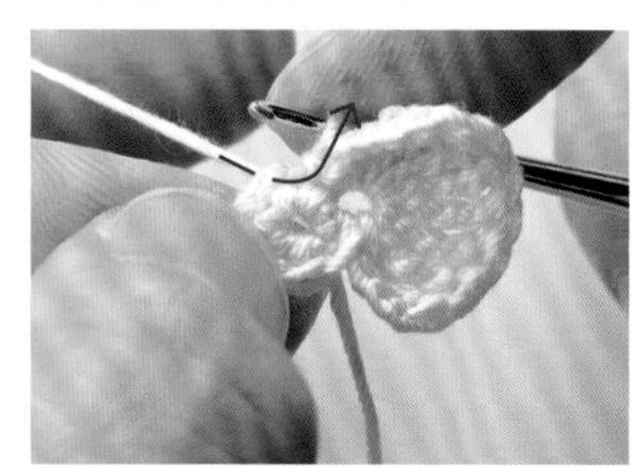

5 在第2针里只钩引拔针。在第3针的前侧半针里插入钩针，按步骤2~4的相同要领钩织花瓣。

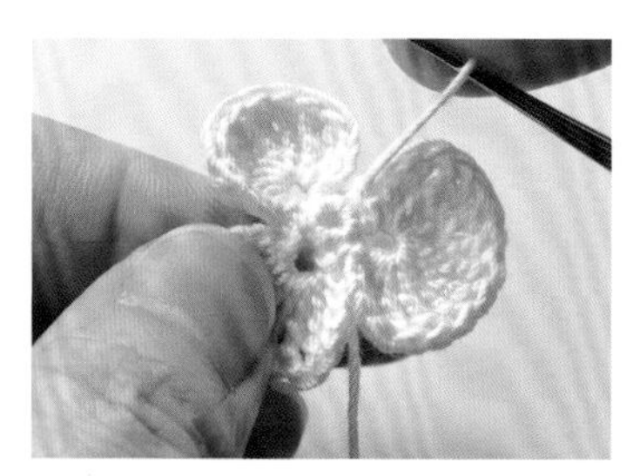

6 交替钩织“引拔针”和“步骤2~4”，最后在第1针里插入钩针，钩引拔针。

7 上层花片完成。

下层花片的编织图

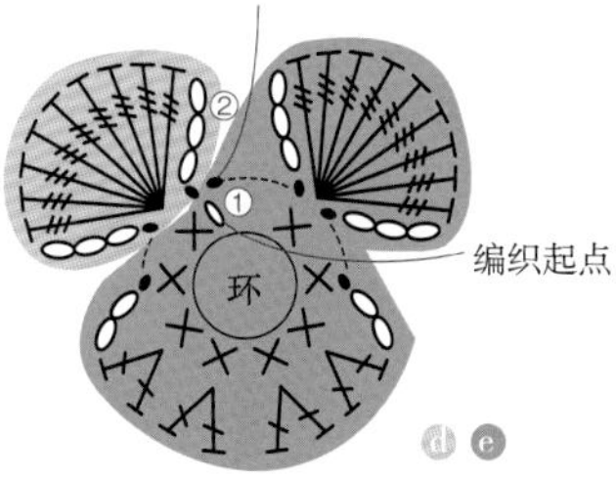

d 1针放9针的3卷长针

8 在线环中钩入8针短针后，在前侧半针里插入钩针钩引拔针。接着立织3针锁针。

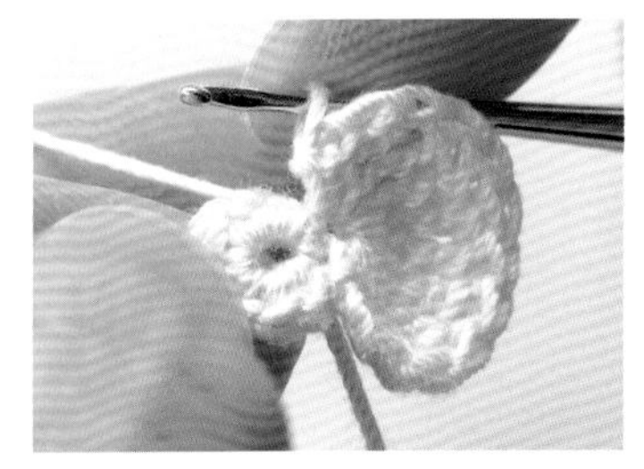

9 钩1针放9针的3卷长针。再钩3针锁针，在同一个针目里钩引拔针。

e 钩织第2片花瓣，第3片花瓣按 d 的相同要领钩织。

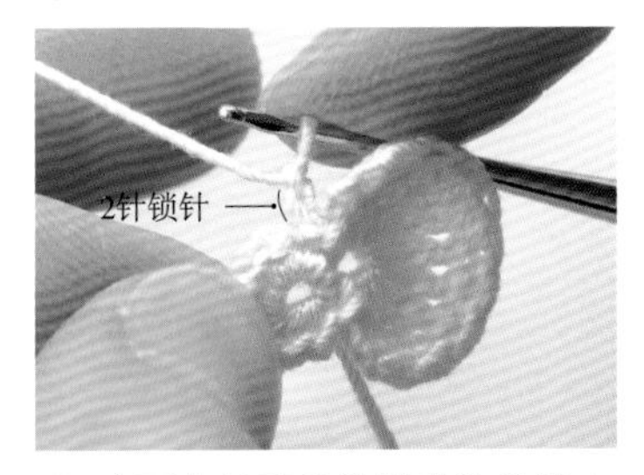

10 在下个针目的前侧半针里插入钩针钩引拔针，然后立织2针锁针。

11 在下个针目的半针里插入钩针钩"1针放2针的长针"，重复4次。

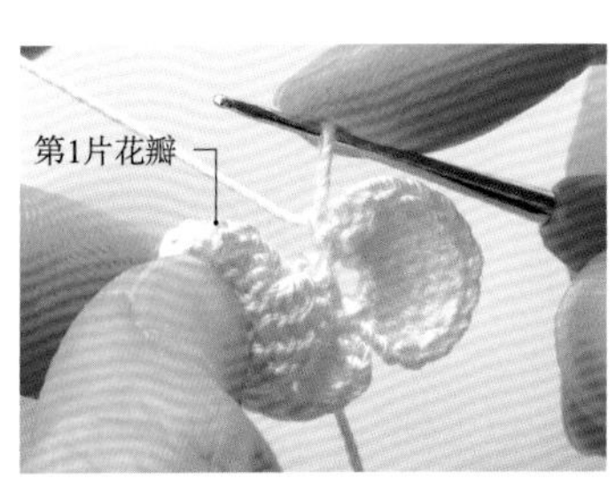

12 第8针按步骤8、9的相同要领钩织花瓣。此时，将第1片花瓣翻至前面比较容易钩织。

重叠上、下两层花片进行缝合

※为了便于理解，图片中使用了红色线。

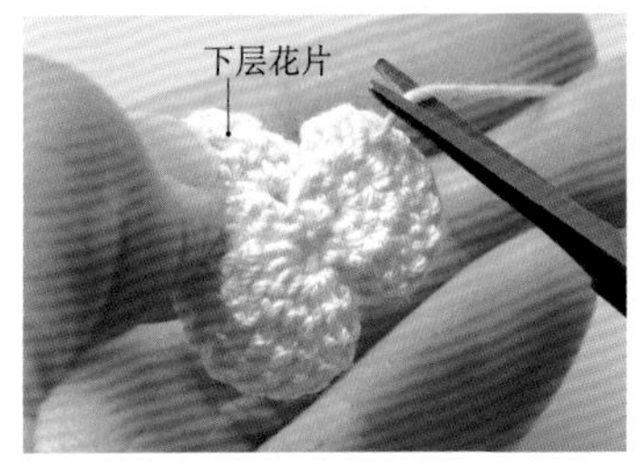

13 将下层花片编织终点的线头穿过反面的3~4个针目后剪断，注意针脚不要露出正面。将上层花片的线头穿入缝针。

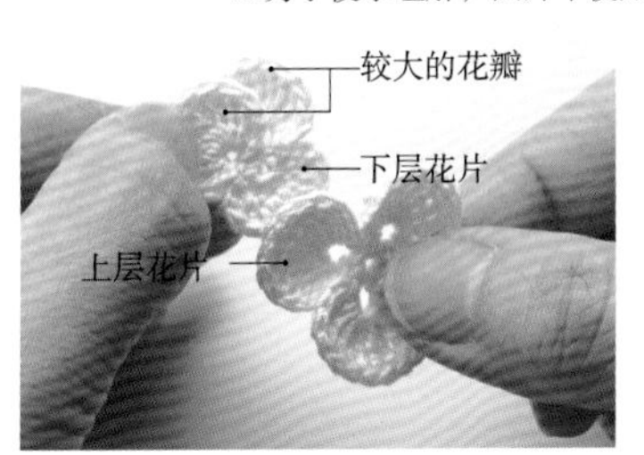

14 重叠上、下两层花片，使下层花片较大的2片花瓣在上方稍稍露出。（※此处省略上色）

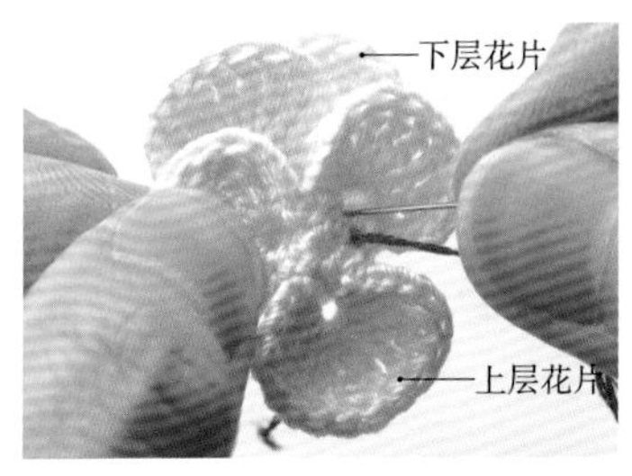

15 在上层花片的中心稍外侧将缝针从反面穿至正面。再在距离1~2mm的地方插入缝针，反面出针。

16 在中心稍向外的5处进行缝合，最后将线穿至反面。

17 三色堇完成。

18 反面的状态。

银莲花的钩织方法

在线环中钩入6针短针，一边加针一边钩至第3圈。第4圈钩织6片花瓣，第5圈在第2圈的半针里挑针钩织6片花瓣。

※为了便于理解，图中每圈更换颜色钩织。

第4圈的编织终点（引拔针）+3针锁针
⇒ 开始钩织第5圈

环

编织起点

ⓐ ⓑ ⓒ

●第1~3圈的针数表

圈数	针数	加针方法
3	18	加6针
2	12	加6针
1	在线环中钩入6针	

ⓐ 第2圈加针

1 在线环中钩入6针短针，第2圈一边加针一边钩短针的条纹针，一共12针。

ⓑ 第3圈也是一边加针一边钩短针的条纹针

2 立织1针锁针。

3 交替重复钩“1针放2针的短针条纹针”和“短针的条纹针”，第3圈一共加6针。

4 钩完一圈后，在第3圈最初的针目里钩引拔针。

ⓒ 在第4圈钩织6片花瓣

5 立织3针锁针。

6 第1针钩长长针（→p.28）。

7 在第2针里钩入2针的3卷长针（→p.29）后的状态。

8 钩织★。在第2针3卷长针头部下方的线里插入钩针，钩引拔针（→p.33步骤2）。

9 在同一个针目里再钩1针3卷长针。

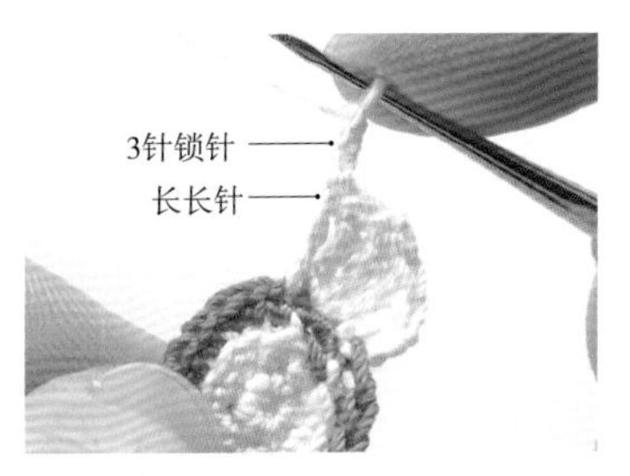

10 在第3针里钩长长针，接着钩3针锁针。

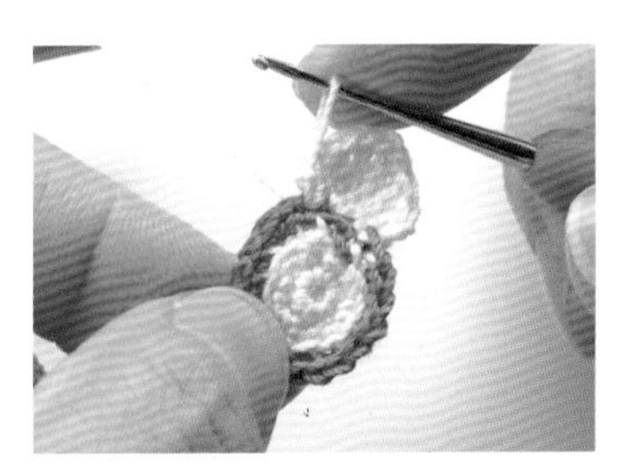

11 在同一个针目里钩引拔针，1片花瓣完成。

12 重复步骤5~11钩织6片花瓣。

13 钩3针锁针，准备钩织第5圈。

第5圈的编织图

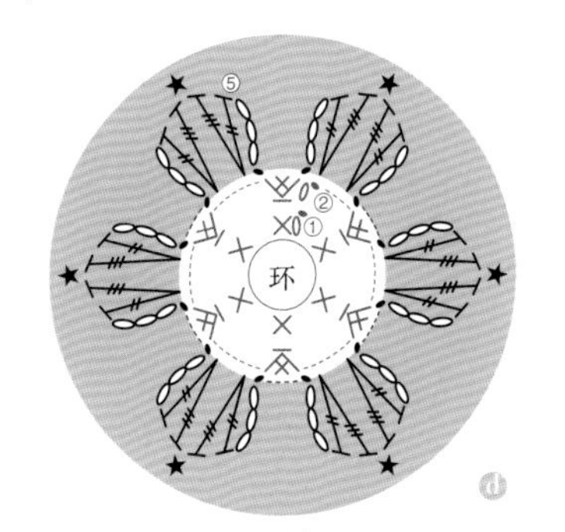

省略第3、4圈

d 第5圈在第2圈的半针里挑针钩织6片花瓣

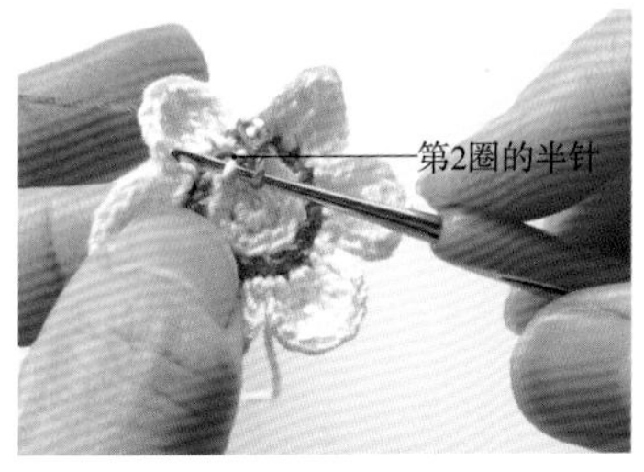

14 在第2圈第1针的半针里插入钩针，钩引拔针。

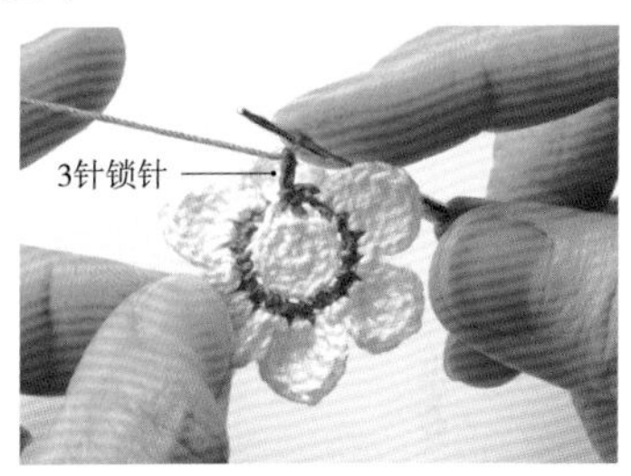

15 立织3针锁针。

16 按图解钩织花瓣，并在3卷长针即第2针上钩织★（→p.33步骤2）。

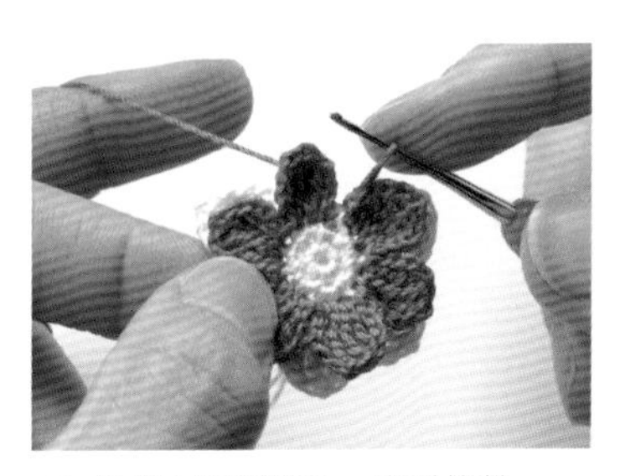

17 钩完6片花瓣后，钩引拔针。

花蕊的钩织方法

在线环中钩入6针短针。第2圈按"1针放2针短针"钩一圈。

※有的作品无须钩织花蕊，用串珠代替。

蒲公英的钩织方法

在线环中钩入4针短针，一边加针一边钩短针的条纹针至第4圈。第5圈钩织6针锁针组成的花瓣。第6~9圈在短针的半针里挑针钩织花瓣，钩好的花瓣呈重叠状。

※为了便于理解，图中每圈更换颜色钩织。

●第1~4圈的针数表

圈数	针数	加针方法
4	24	加8针
3	16	加8针
2	8	加4针
1	在线环中钩入4针	

第1~5圈的编织图

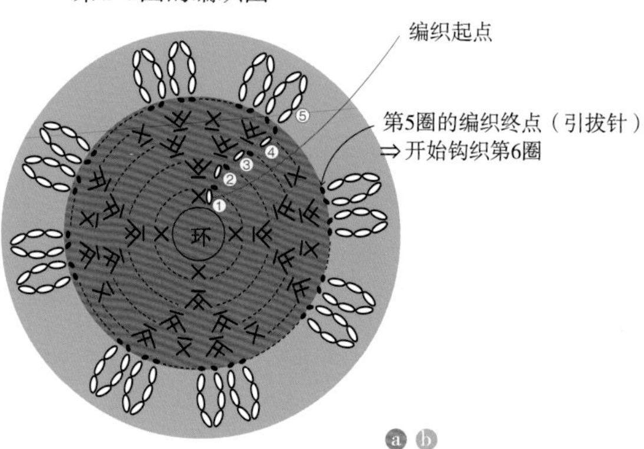

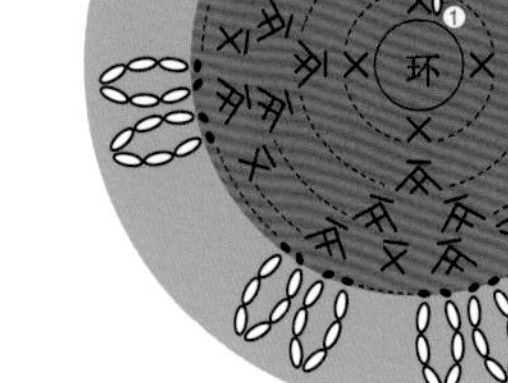

ⓐ一边钩短针的条纹针一边加针

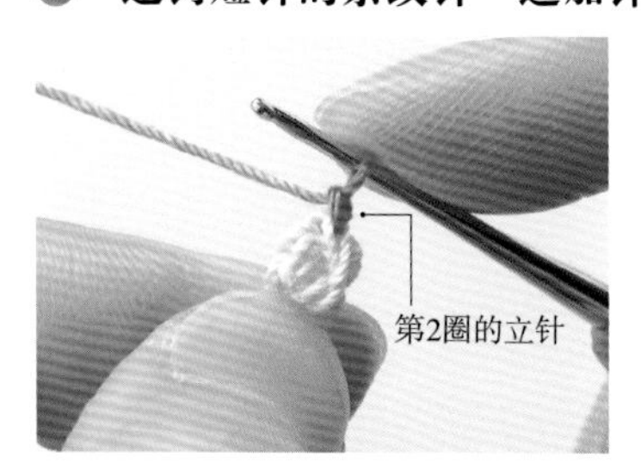

1 在线环中钩入4针短针，在最初的针目里插入钩针钩引拔针。立织1针锁针。

2 第2圈钩1针放2针的短针的条纹针（→p.29）。在第1针里插入钩针，钩引拔针。

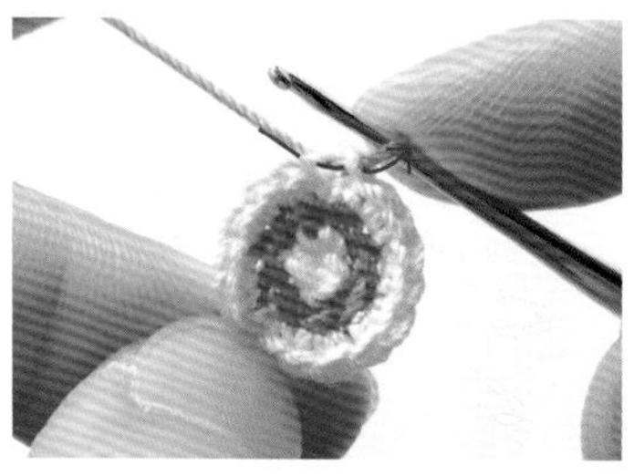

3 第3圈也是钩1针放2针的短针的条纹针。在第1针里插入钩针，钩引拔针。

4 第4圈交替钩“1针放2针的短针的条纹针”和“普通短针的条纹针”。

5 在第1针的后侧半针里插入钩针，钩引拔针。第4圈完成。

ⓑ钩织花瓣

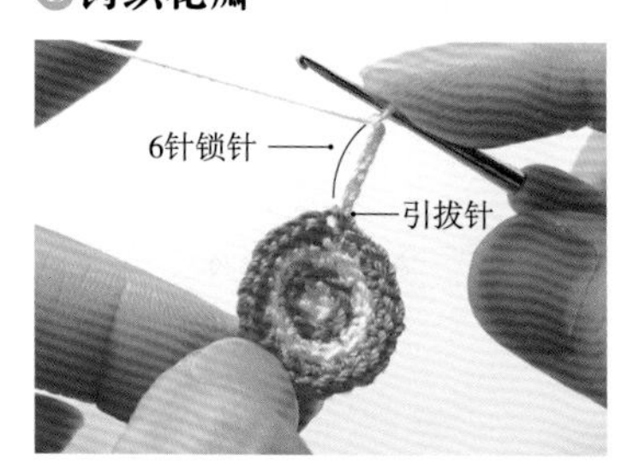

6 第5圈在第4圈的后侧半针里插入钩针钩织蒲公英的花瓣。首先钩6针锁针。

7 在钩锁针的同一个针目（后侧半针）里插入钩针，钩引拔针。1片花瓣完成。

8 第2针也按相同要领钩完引拔针后钩6针锁针，再在同一个针目里钩引拔针。第2片花瓣完成。

9 每隔1针钩织2片花瓣，重复此操作。一共钩织16片花瓣。

第6圈的编织图

省略第5圈

ⓒ 在第4圈的前侧半针里挑针钩织花瓣

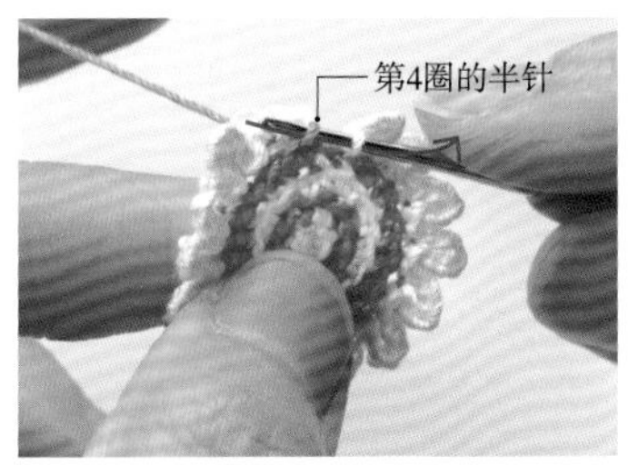

10 在第4圈第1针的半针里插入钩针，钩引拔针。

11 按图解在半针里挑针钩织12片由6针锁针组成的花瓣。

第7圈的编织图

省略第4~6圈

ⓓ 在第3圈的前侧半针里挑针钩织花瓣

12 在第3圈第1针的半针里插入钩针，钩引拔针。

13 按图解在半针里挑针钩织11片由6针锁针组成的花瓣。

第8圈的编织图

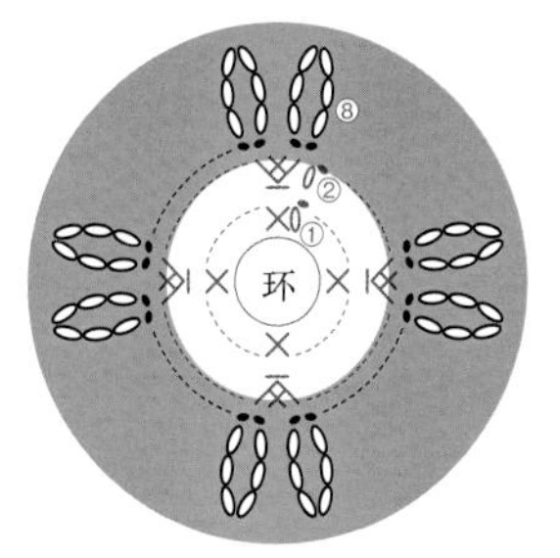

省略第3~7圈

ⓔ 在第2圈的前侧半针里挑针钩织花瓣

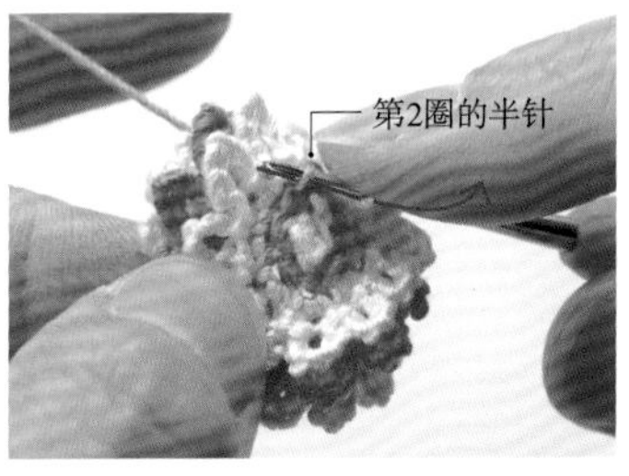

14 在第2圈第1针的半针里插入钩针，钩引拔针。

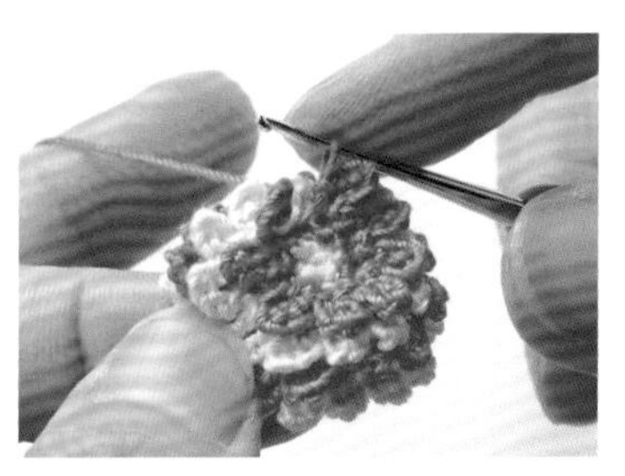

15 按图解在半针里挑针钩织8片由6针锁针组成的花瓣。

第9圈的编织图

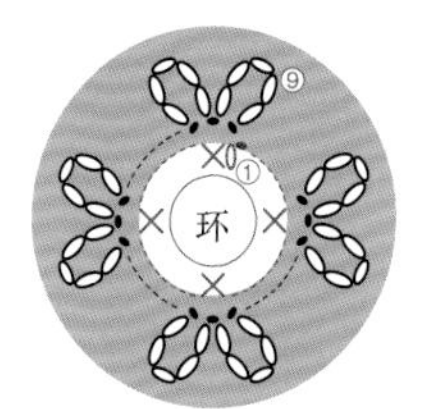

省略第2~8圈

ⓕ 在第1圈的前侧半针里挑针钩织花瓣

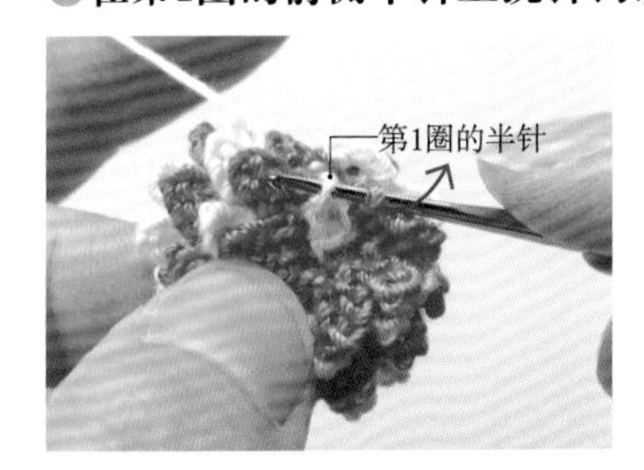

16 在第1圈第1针的半针里插入钩针，钩引拔针。

17 在半针里挑针钩织8片由5针锁针组成的花瓣。

白车轴草花的钩织方法

分别钩织上、下两层花片，使花瓣都呈重叠状。分别上色后再缝合在中心位置。

※为了便于理解，图中每圈更换颜色钩织。

下层花片第1~3圈的编织图

编织起点

第3圈的编织终点（引拔针）
⇒开始钩织第4圈

环

ⓐ第2圈加针，在第3圈钩织花瓣

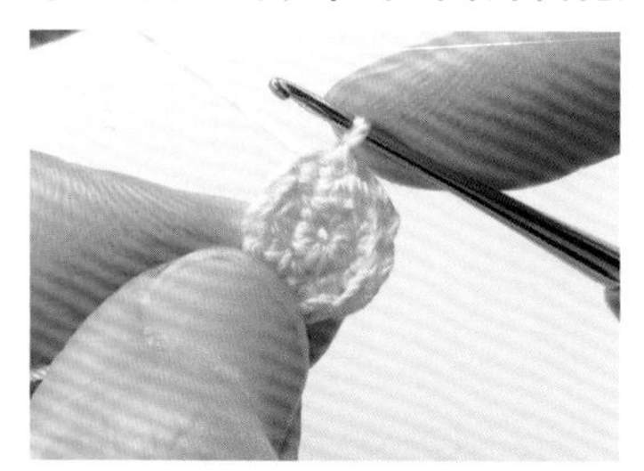

1 第1圈在线环中钩入5针短针。第2圈钩1针放2针短针，一共加5针。

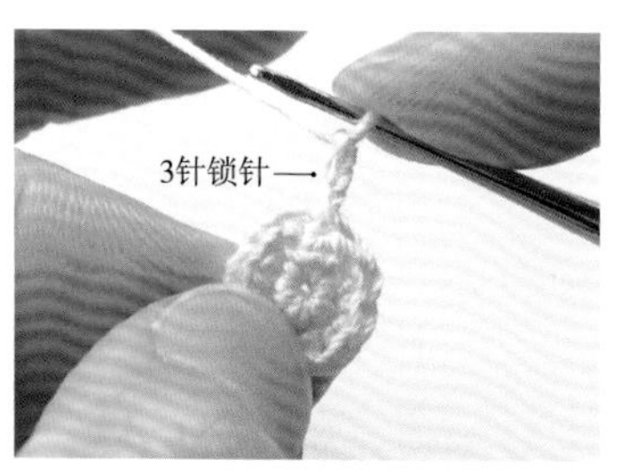

2 第2圈的最后在第1针的后侧半针里插入钩针钩引拔针，然后立织3针锁针。

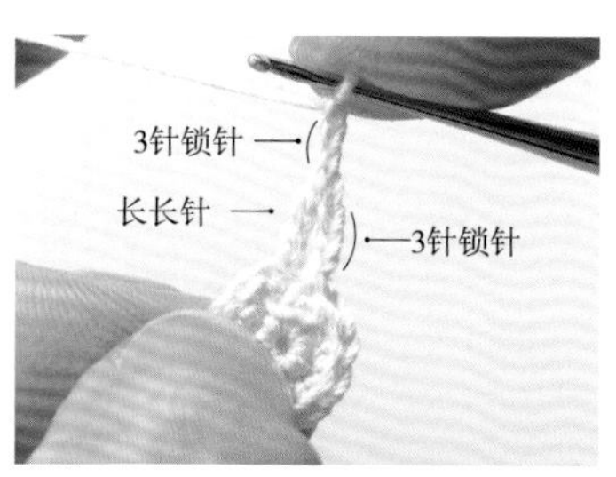

3 在同一个针目的后侧半针里钩长长针（→p.28），接着钩3针锁针。

ⓑ一边在半针里钩引拔针，一边继续钩织

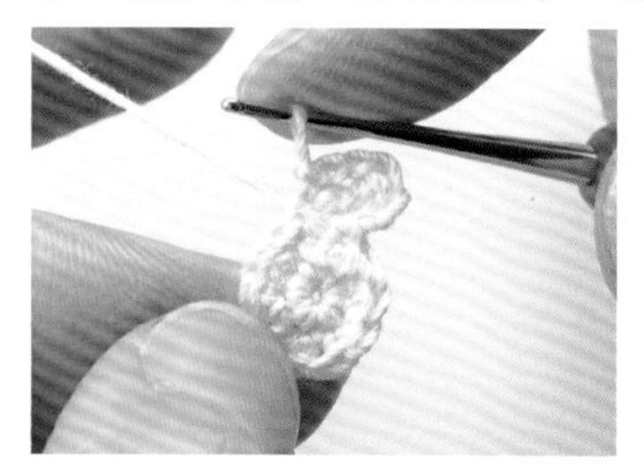

4 在同一个针目的后侧半针里插入钩针，钩引拔针。

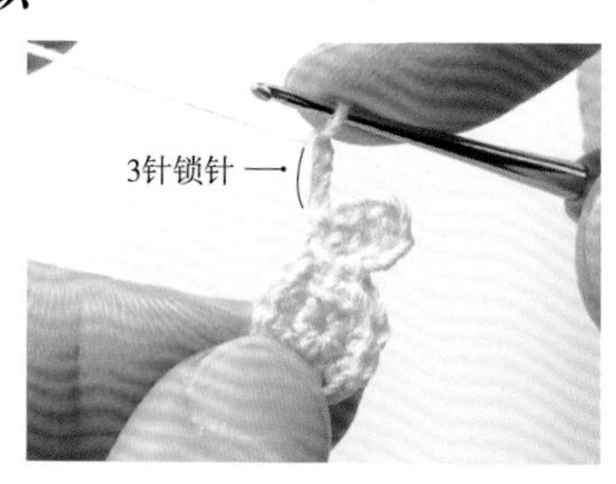

5 一边重复钩3针锁针、长长针，一边按图解继续钩织花瓣。

6 钩完一圈后，在最后一针同一个针目的后侧半针里钩引拔针。

下层花片第4圈的编织图

省略第3圈

ⓒ第4圈在第2圈的前侧半针里挑针钩织

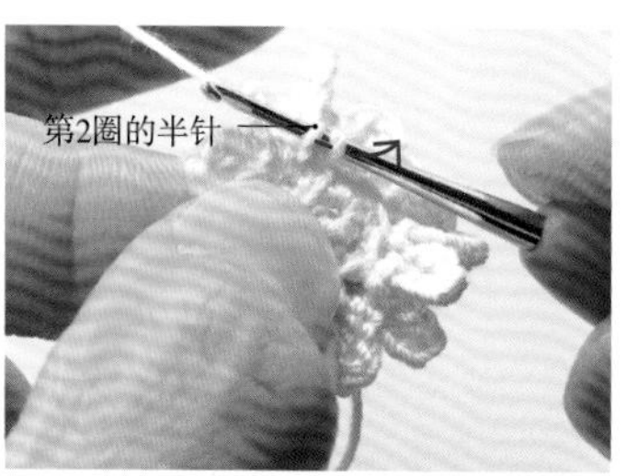

7 在第2圈的前侧半针里插入钩针，钩引拔针。

8 一边在第2圈的前侧半针里挑针，一边按步骤2~4的相同要领钩织10片花瓣。下层花片完成。

上层花片第1~3圈的编织图

d 钩织上层花片

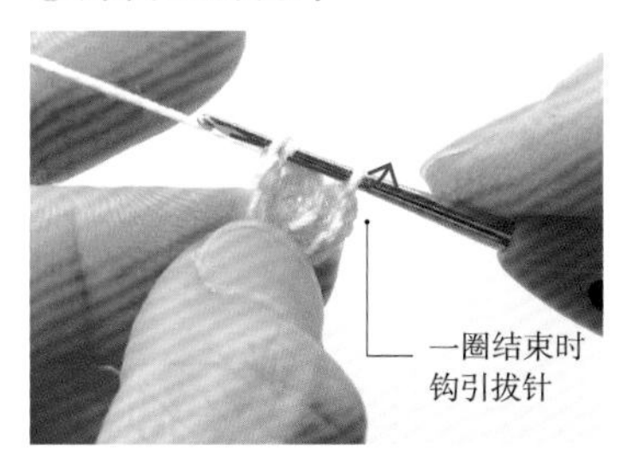

9 第1圈在线环中钩入4针短针。第2圈钩1针放2针的短针的条纹针，一共加4针。

10 第3圈按步骤2~4的相同要领，在后侧半针里挑针钩织8片花瓣。

上层花片第4圈的编织图

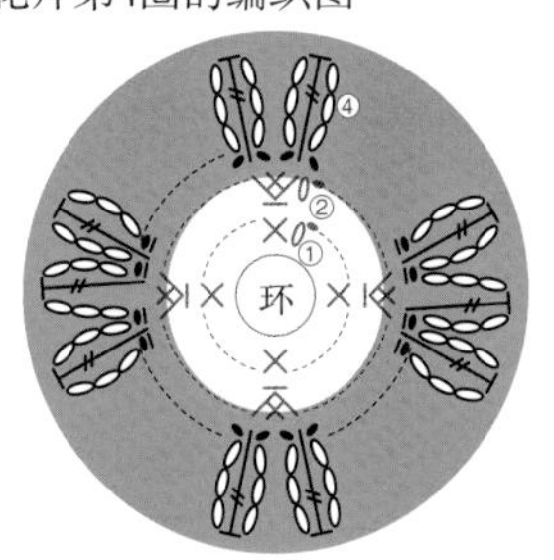

省略第3圈

e 第4圈在第2圈的半针里挑针钩织

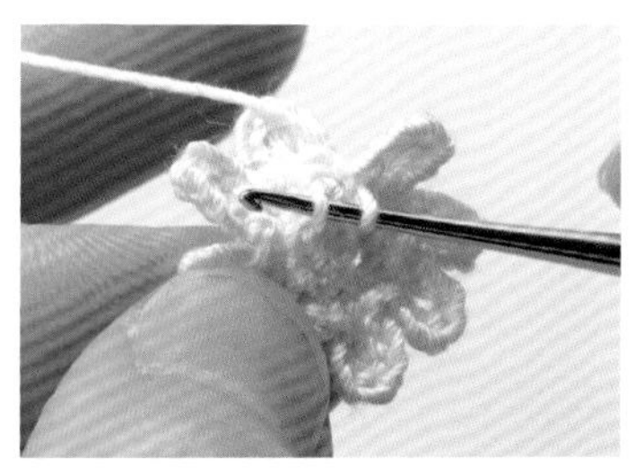

11 在第2圈的半针里插入钩针，钩引拔针。

12 按步骤2~4的相同要领钩织花瓣。

f 重叠上、下两层花片进行缝合

13 钩完10片花瓣后，在最后的针目里插入钩针，钩引拔针。

14 上、下两层的花片完成。剪掉下层花片的线头（→p.39步骤13）。分别上色后晾干（※此处省略）。

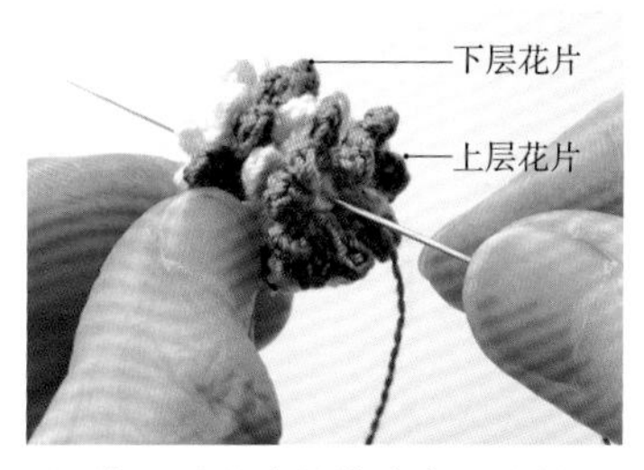

15 将上层花片的线头穿入缝针。在中心稍外侧插入缝针进行缝合。

16 在中心稍向外的5处进行缝合，最后将线穿至反面。

17 用镊子整理花瓣的形状。

18 白车轴草花完成。

三叶草（大）的钩织方法

在线环中钩入3针短针。重复钩“4针锁针”和“1针放5针的3卷长针”，钩织叶子。三叶草（小），四叶草（大）、（小）也按相同的要领钩织。

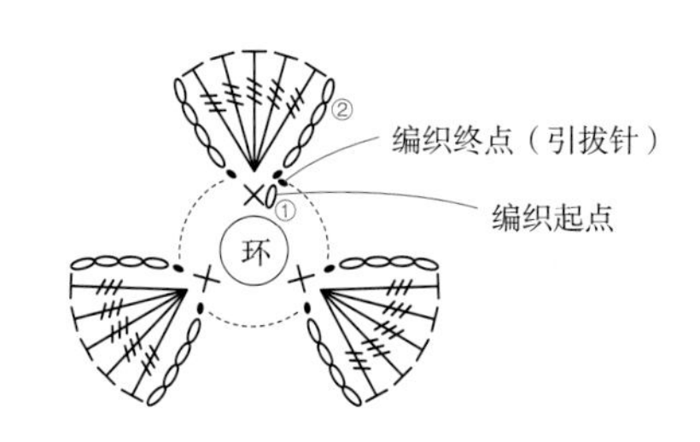

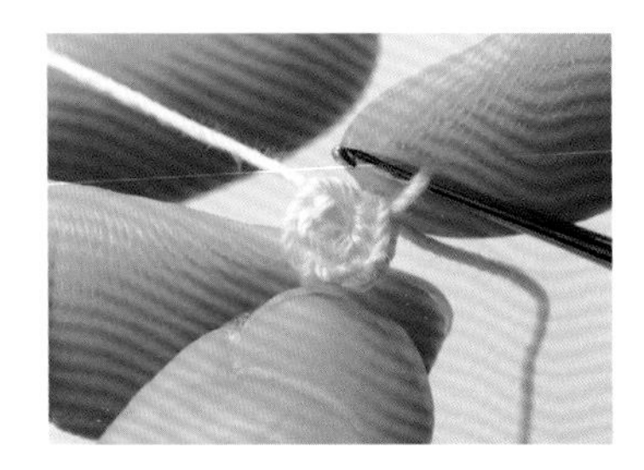

1 在线环中钩入3针短针，结束时在最初的针目里插入钩针，钩引拔针。

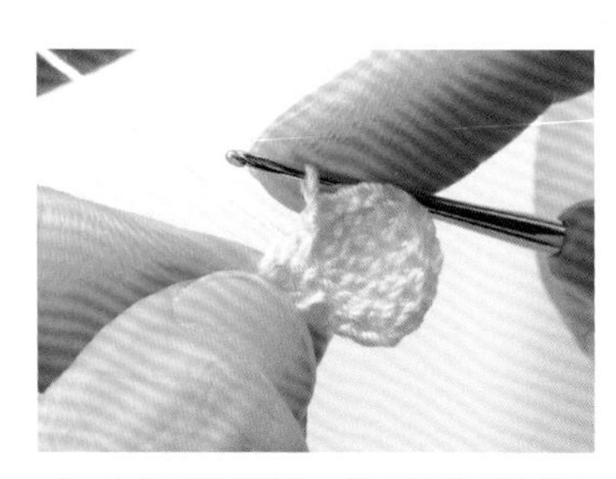

2 立织4针锁针，钩1针放5针的3卷长针，接着钩4针锁针后钩引拔针。

3 按步骤2再钩织2次。最后，在第1针的头部插入钩针，钩引拔针。

4 三叶草（大）完成。

三叶草（小）的钩织方法

第1圈与三叶草（大）第一圈的钩织方法相同。第2圈立织3针锁针后钩1针放4针的长长针，接着钩3针锁针后钩引拔针。按此要领再钩2次，一共钩织3片叶子。最后在第1针的头部插入钩针，钩引拔针。

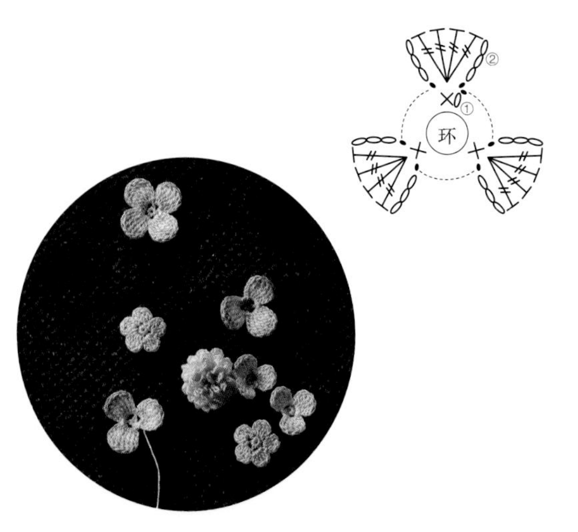

四叶草（大）、（小）的钩织方法

基础的钩织方法与三叶草相同。第1圈在线环中钩入4针短针。第2圈立织4针锁针（小：3针锁针），接着钩1针放5针的3卷长针（小：1针放4针的长长针）。再钩4针锁针（小：3针锁针），在下个针目里钩引拔针后继续钩第2片叶子。

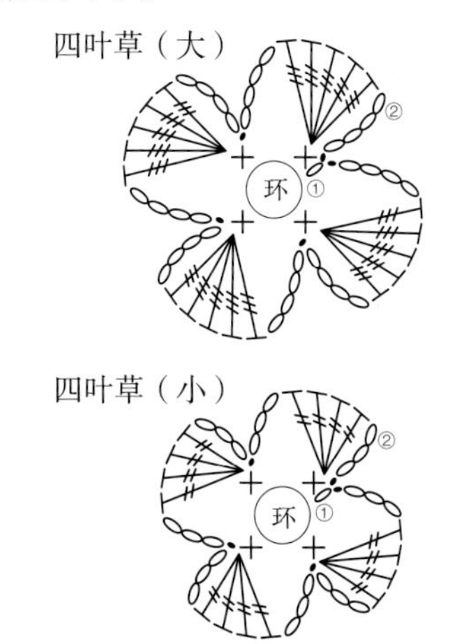

大丽菊的钩织方法

在线环中钩入4针短针，一边加针一边钩织第5圈。在第6圈钩织8片花瓣。第7~10圈分别在第1~4圈的前侧半针里挑针钩织花瓣，钩好的花瓣呈重叠状。

第1~6圈的编织图

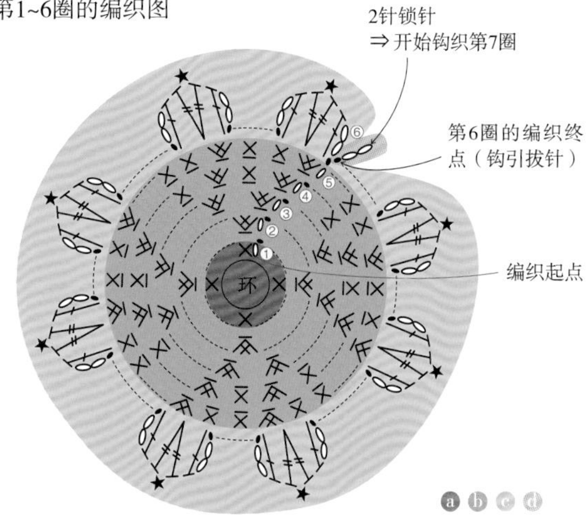

a b c d

●第1~5圈的针数表

圈数	针数	加针方法
5	32	加8针
4	24	加8针
3	16	加8针
2	8	加4针
1	在线环中钩入4针	

a 钩入4针短针

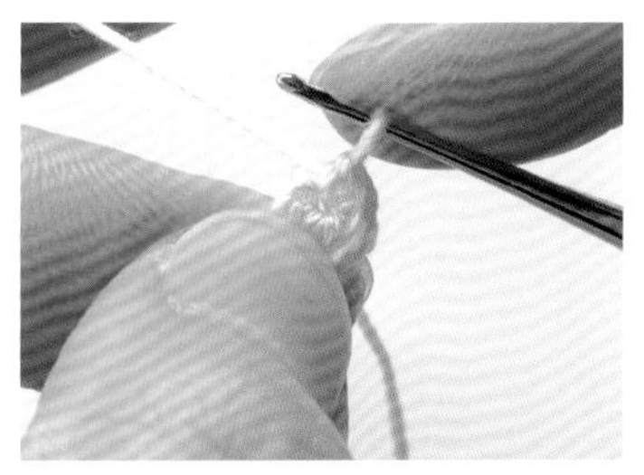

1 在线环中钩入4针短针，在最初第1针的头部插入钩针，钩引拔针。

b 第2~5圈加针

2 立织1针锁针，接着钩1针放2针的短针的条纹针（→p.29）。

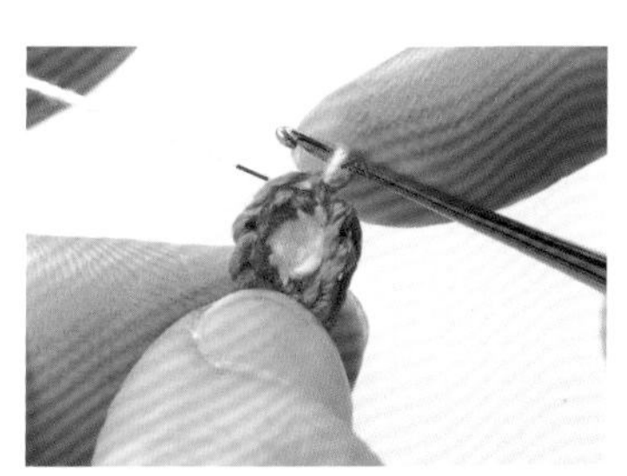

3 钩完一圈后，在最初第1针的后侧半针里插入钩针，钩引拔针。

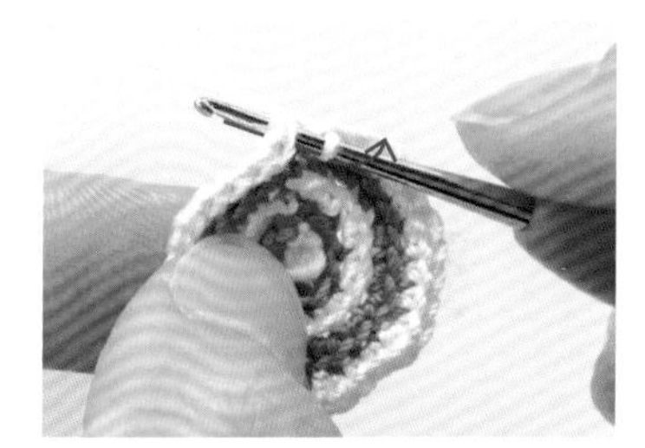

4 一边加针一边钩短针的条纹针至第5圈，最后在第1针的后侧半针里插入钩针，钩引拔针。

c 第6圈钩织花瓣

5 立织2针锁针。

6 在同一个针目里钩长针。

7 在下个针目里钩长长针。

8 钩织★。在长长针头部下方的线里插入钩针，钩引拔针（→p.33步骤2、3）。

9 在同一个针目里钩长长针。

10 在下个针目里钩长针。

11 钩2针锁针，在步骤10相同针目里钩引拔针。

12 每隔1针重复步骤5~11，钩织8片花瓣。

d 钩锁针

13 在第6圈第1针的头部插入钩针钩引拔针后，接着钩2针锁针，开始钩织下一圈。

第7圈的编织图

省略第5、6圈

e 第7圈在第4圈的前半针里挑针钩织

14 在第4圈第1针的前半针里插入钩针，钩引拔针。

15 立织2针锁针。

16 在第1针里钩织长针、长长针，接着钩织★（→p.33步骤2、3）。

17 钩完第2针后，跳过第3针，在后面2个针目里钩织花瓣。按此要领重复操作。

18 钩完第8片花瓣后，在第1针的头部插入钩针，钩引拔针。接着钩2针锁针，开始钩织下一圈。

第8圈的编织图

省略第4~7圈

ⓕ第8圈在第3圈的前半针里挑针钩织

19 在第3圈的前半针里插入钩针钩引拔针，然后立织2针锁针。

20 按前一圈的相同要领钩织8片花瓣。最后在第1针的头部钩引拔针后再钩2针锁针。

第9圈的编织图

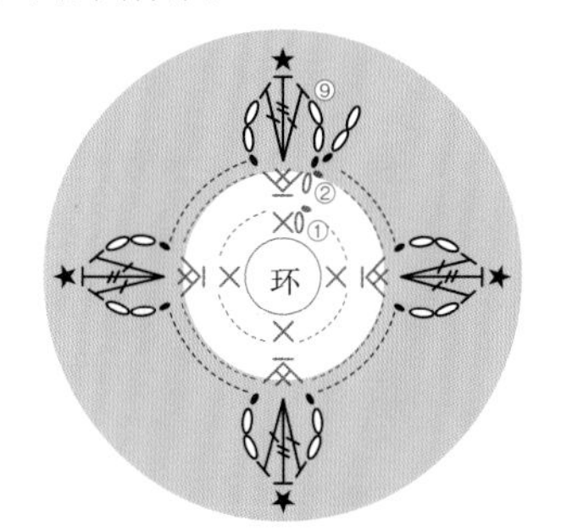

省略第3~8圈

ⓖ第9圈在第2圈的前半针里挑针钩织

21 在第2圈的前半针里插入钩针钩引拔针，然后立织2针锁针。

22 按前一圈的相同要领钩织4片花瓣。最后在第1针的头部钩引拔针后再钩2针锁针。

第10圈的编织图

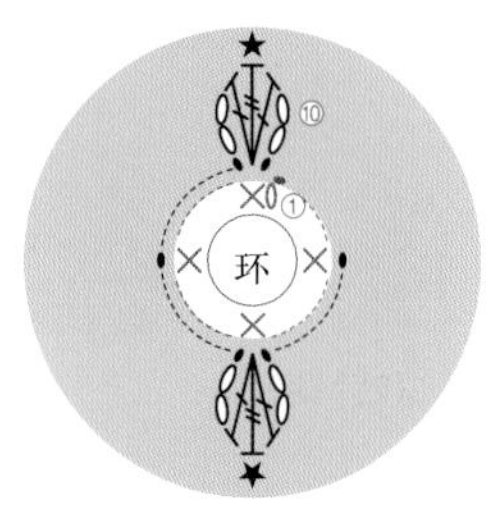

省略第2~9圈

ⓗ第10圈在第1圈的前半针里挑针钩织

23 在第1圈的前半针里插入钩针钩引拔针，然后立织2针锁针。

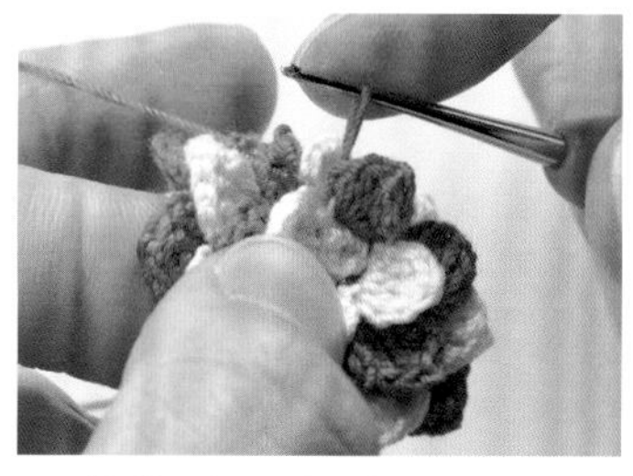

24 按前一圈的相同要领钩织1片花瓣。

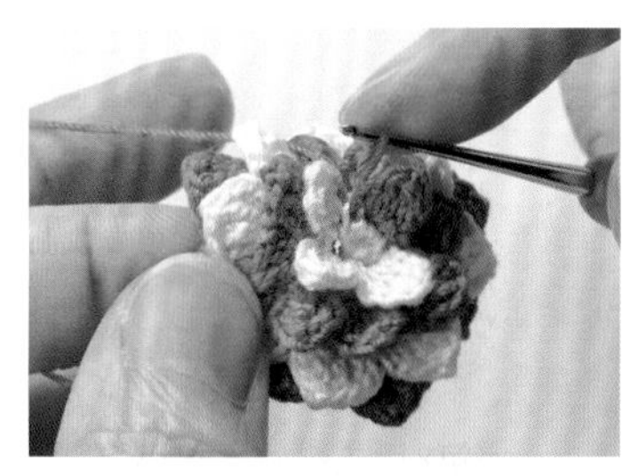

25 在下个针目里只钩引拔针。

26 在第3针钩织花瓣，在第4针只钩引拔针。

27 大丽菊完成。

上色方法

钩织完花朵和叶子后，根据希望呈现的效果上色。建议从较浅的颜色开始。

染料的调色方法

1 在调色盘里分别滴几滴用来上色的染料。

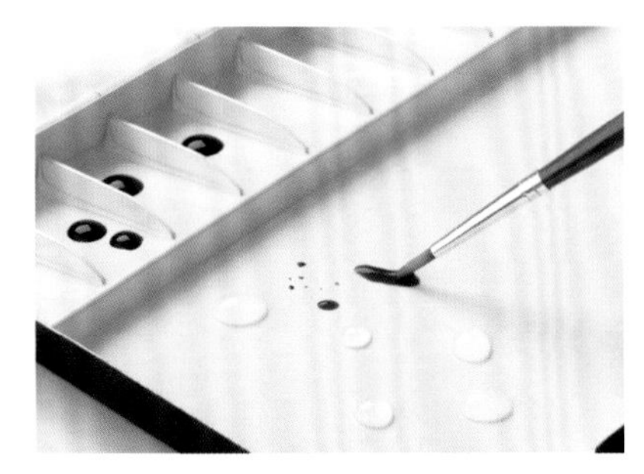

2 用吸管吸水，再在调色盘里分散地滴上几滴水。然后用笔尖蘸取一点染料，与水混合，慢慢稀释调成想要的颜色。

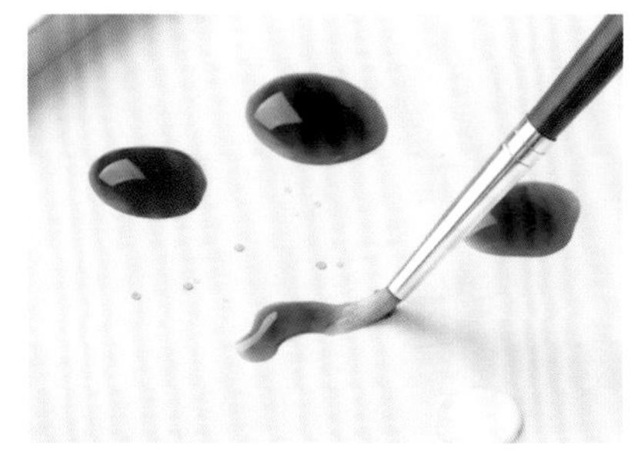

3 调配多种颜色时，分别将每种颜色稀释后再混合。

花片的上色方法

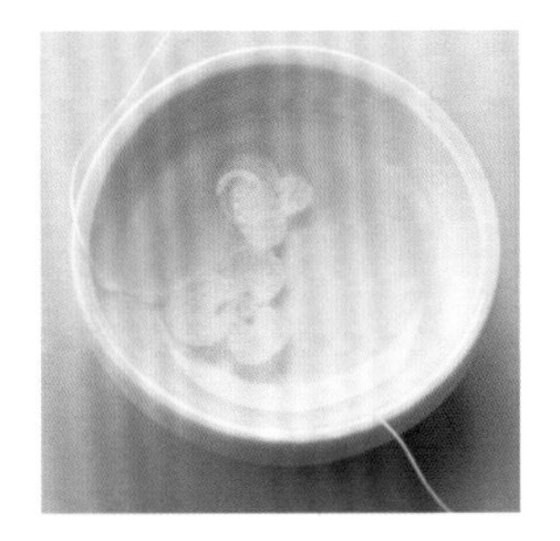

1 将花片放入清水中浸湿。

2 用纸巾包住浸湿的花片，轻轻地吸去水分，然后用指尖调整花片的形状。

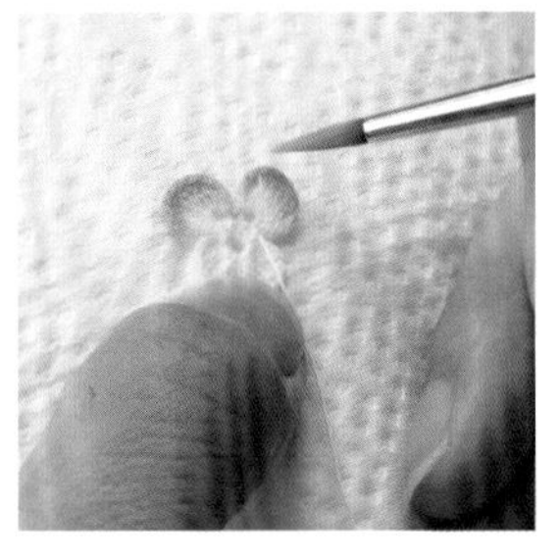

3 将步骤2的花片放在纸巾上面进行上色。因为花片是湿的，只需涂上一点颜色就会呈现自然的渐变色效果。

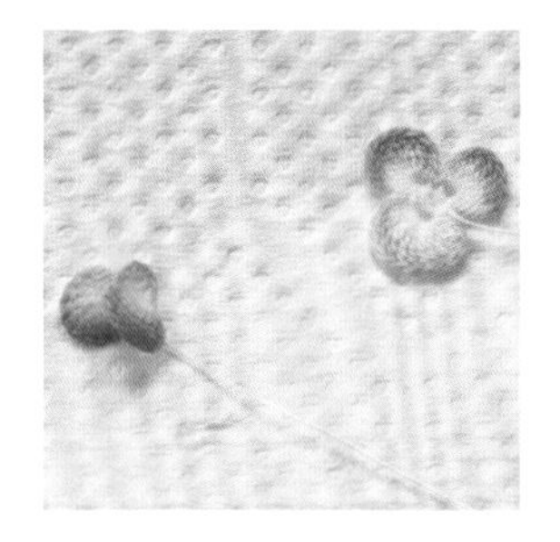

4 上色后的花片，放在纸巾上1小时左右，待其自然晾干。

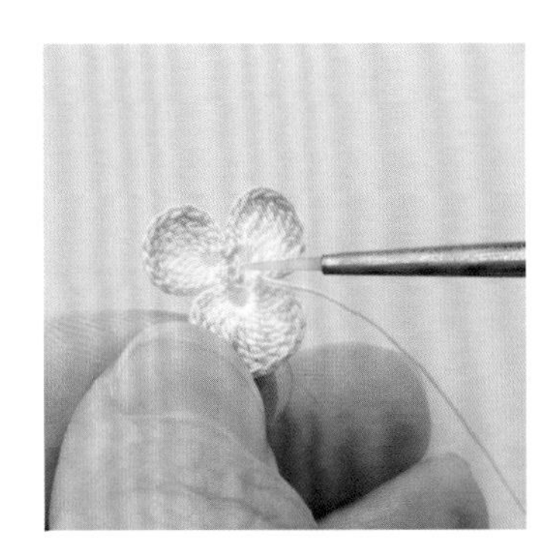

5 花蕊部分要等花瓣晾干后再上色。

斑纹山茶花的上色方法 ※用于金鱼作品。

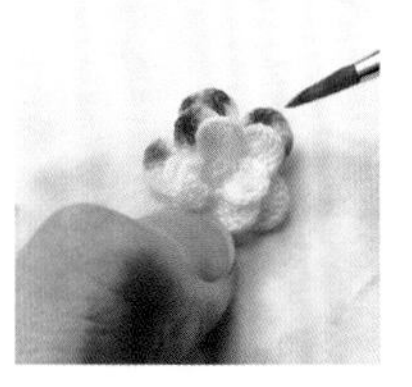

1 在花瓣的局部涂上红色。

2 笔尖蘸上水，将步骤1的红色向旁边晕开。

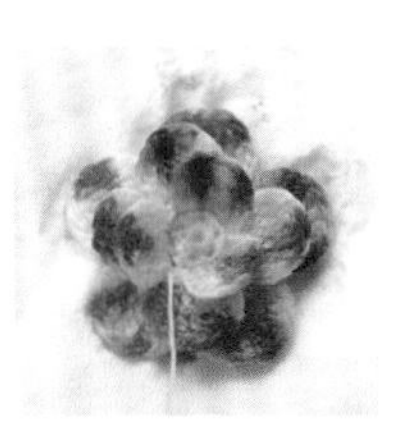

3 呈现自然的色调后晾干。

配色方法

下图是作品中所用花片的配色编号、颜色名，以及染料颜色名。混合2种以上染料时，按用量多少顺序标记，注意将每种颜色稀释后再混合调色。

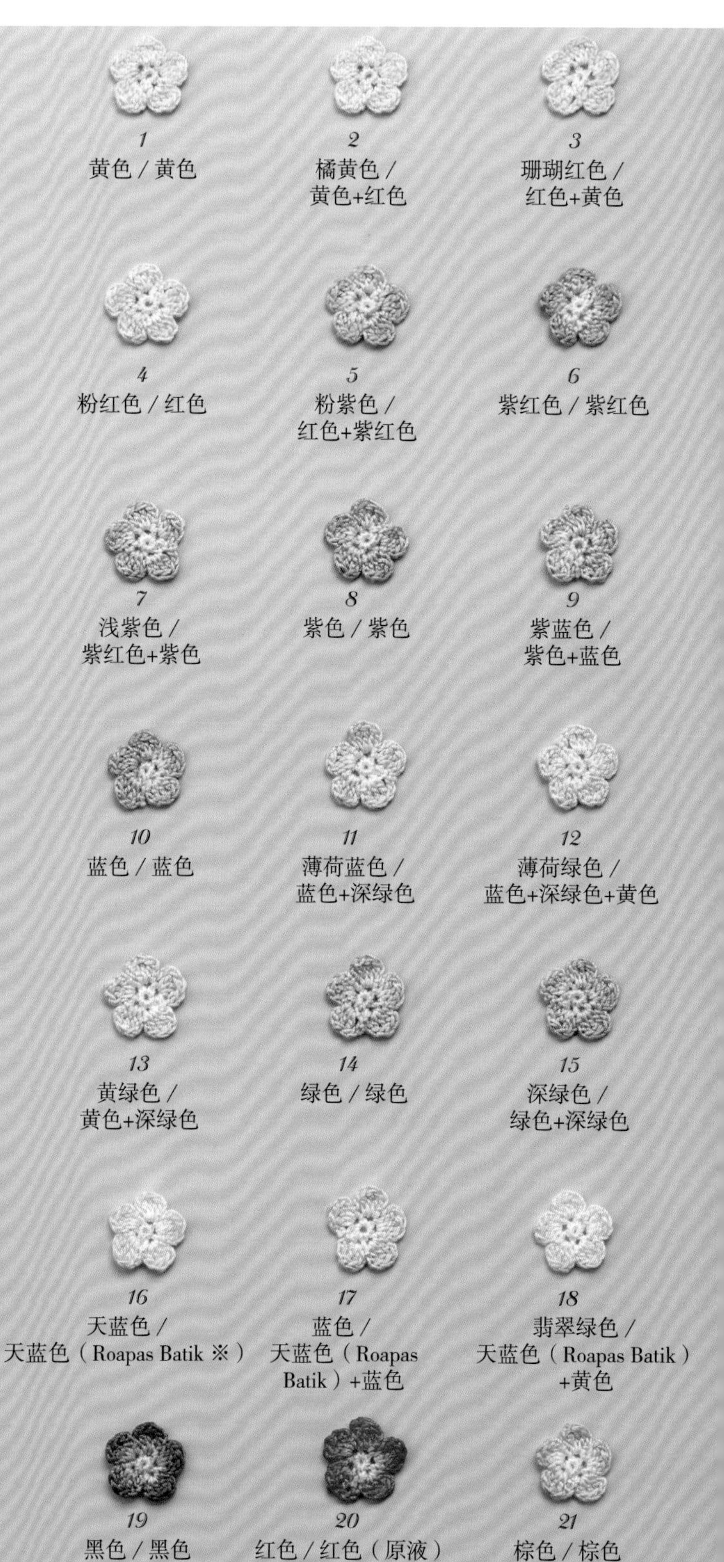

※Roapas Batik虽然是皮革手工艺专用染料，但在本书中按Roapas Rosti染料的相同要领使用。

一种染料的
不同上色效果

用一种染料可以染出多种颜色。

用红色原液上色的效果

将红色染料稀释后上色的效果

用原白色线钩织花片，将红色染料稀释后上色的效果

刺绣针法

下面介绍本书中使用的刺绣针法。

缎面绣

制作绵羊的腿部和天鹅等时会使用此针法。与p.53的包线绣相比，刺绣面更宽。

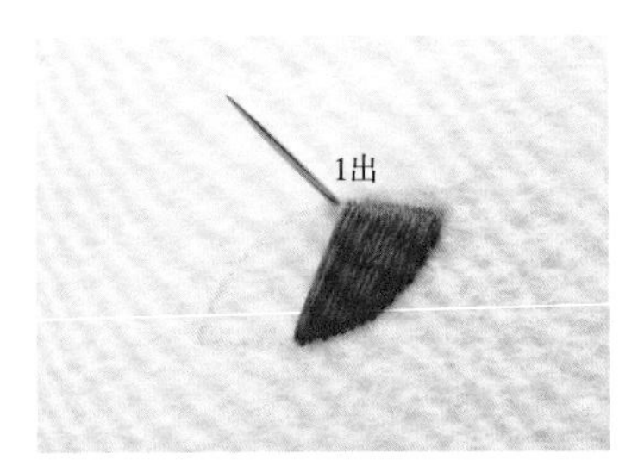

1 在图案的轮廓线上出针。

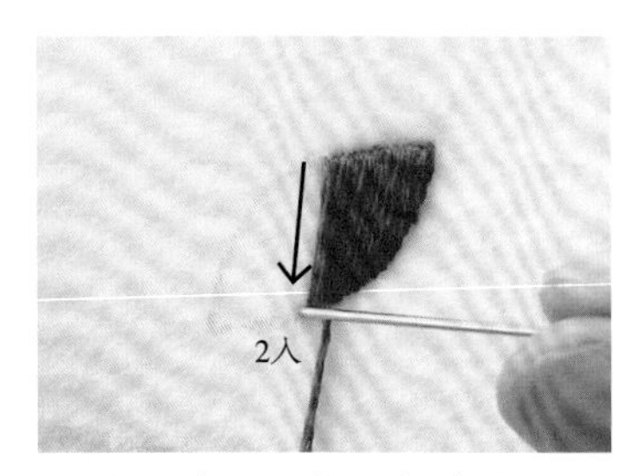

2 在图案另一侧的轮廓线上入针，拉直绣线。

3 重复步骤1、2，将绣线填满图案。

自由绣

刺绣方向比较随意，主要用于小动物毛发等部分的刺绣。

1 先绣上几条线，确定刺绣的范围以及绣线的走向。

2 刺绣填充步骤1的空白处。

3 继续刺绣到绣面完全没有空隙。

轮廓绣

表现细线条的针法。本书作品中，此针法用在图案轮廓线的绣制。

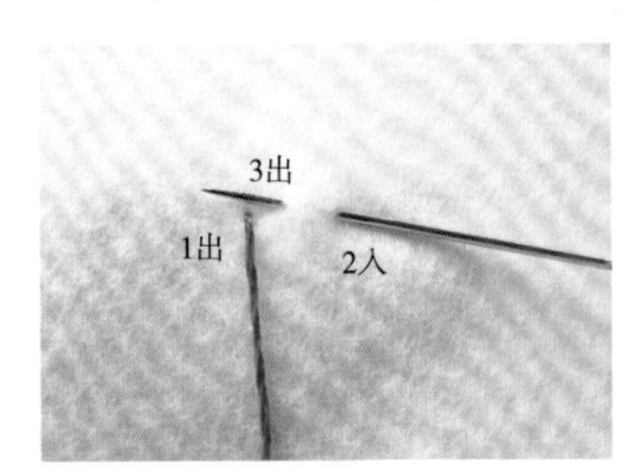

1 从左向右刺绣。从反面将针穿出后向右侧绣1针，在往回半针的位置出针。

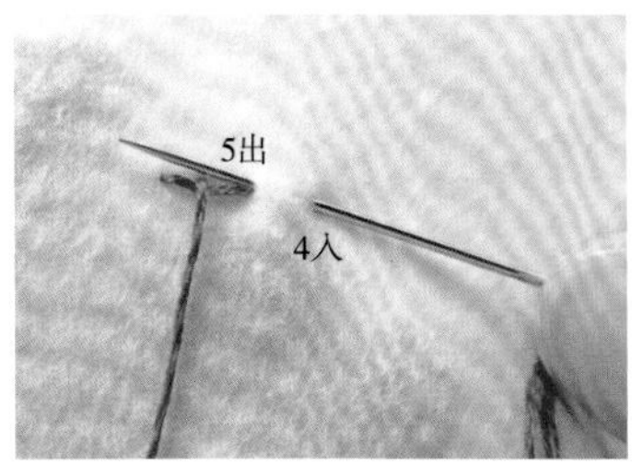

2 再向右侧绣1针，往回半针出针。重复此操作。

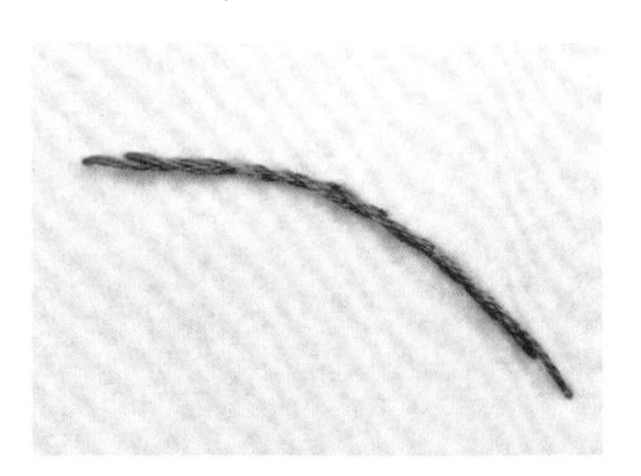

3 沿着图案的轮廓线从左向右继续刺绣。

钉线绣

将线等放在图案上，再用另外的线加以固定的针法。本书作品中，此针法用于固定花艺铁丝。

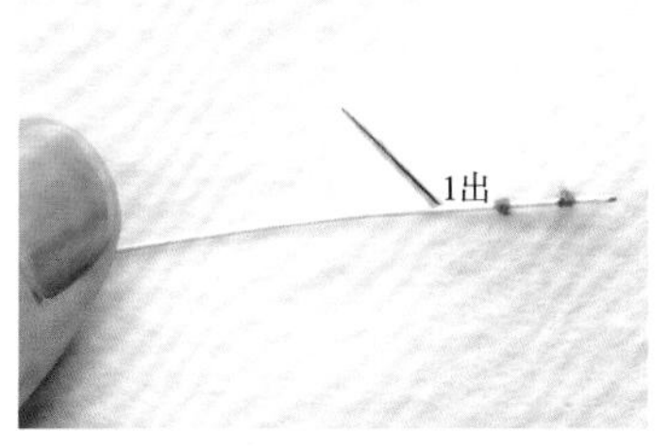

1 将花艺铁丝放在轮廓线上。将线穿入缝针，从花艺铁丝的旁边出针。※使用与轮廓内刺绣部分相同颜色的线。

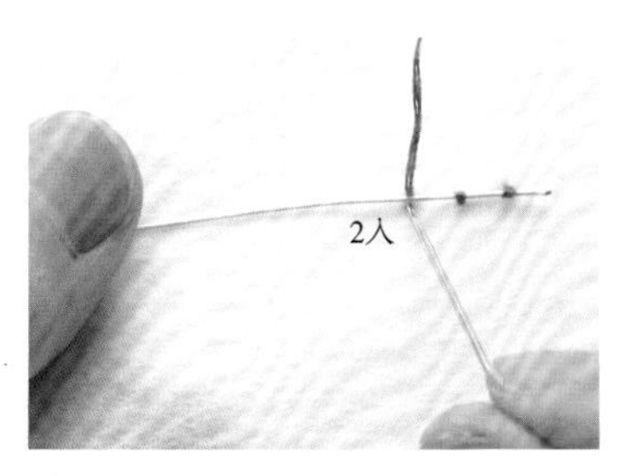

2 从2处入针，使针脚与花艺铁丝呈垂直状。

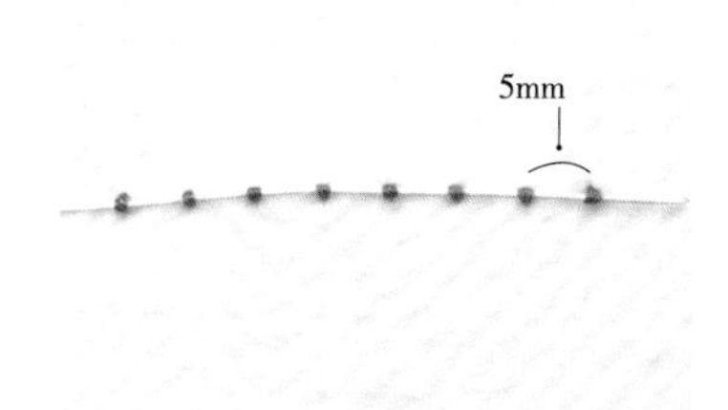

3 每隔5mm重复此操作，将花艺铁丝固定在轮廓线上。

包线绣

细密地刺绣，覆盖下方的绣线。本书作品中，此针法主要用于花艺铁丝部分。
可以表现比p.52的缎面绣更加细长的刺绣面或线条。

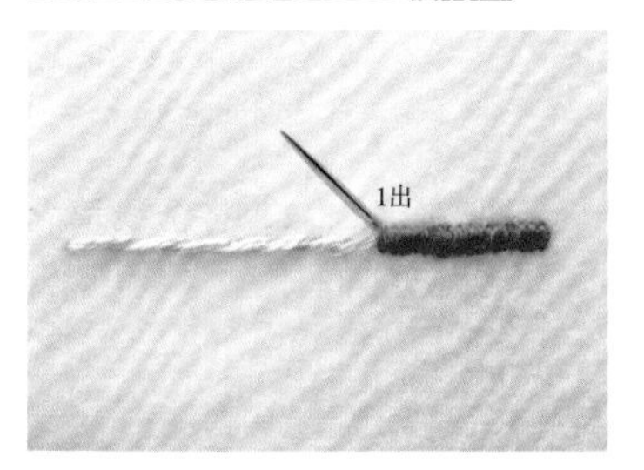

1 从想要覆盖的针迹或花艺铁丝的旁边出针。

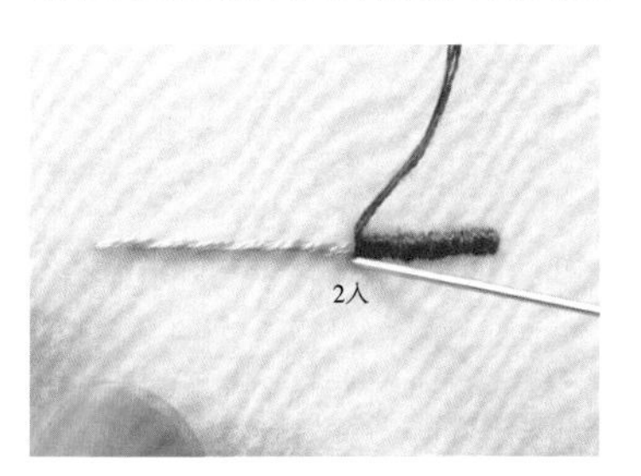

2 从2处入针，使针脚与已有的针迹或花艺铁丝呈垂直状。

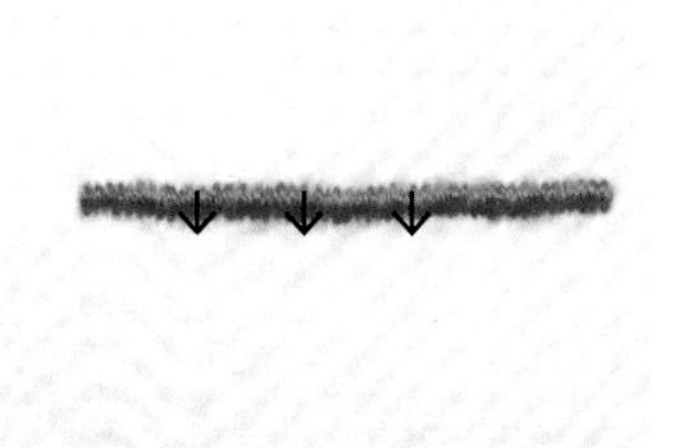

3 细密地刺绣，完全覆盖下方的针迹或花艺铁丝。

法式结粒绣

通过打结表现花样的针法。本书中，松鼠手中拿着的树莓用的就是这个针法。

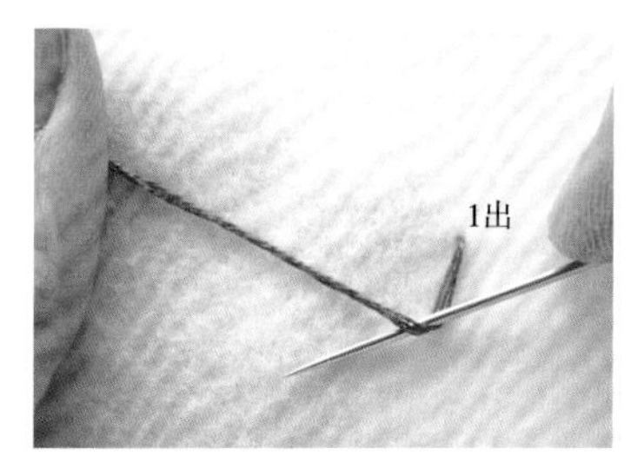

1 从反面将线从1处穿出，如图所示在针上绕线。

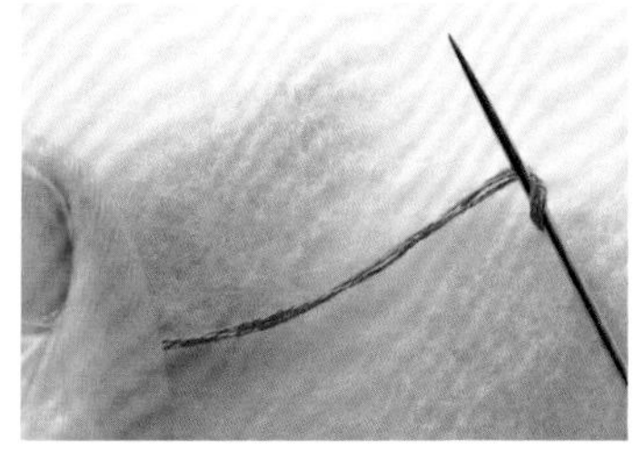

2 一边绕线一边将针头转至上方。这是针上绕一圈线后的状态。

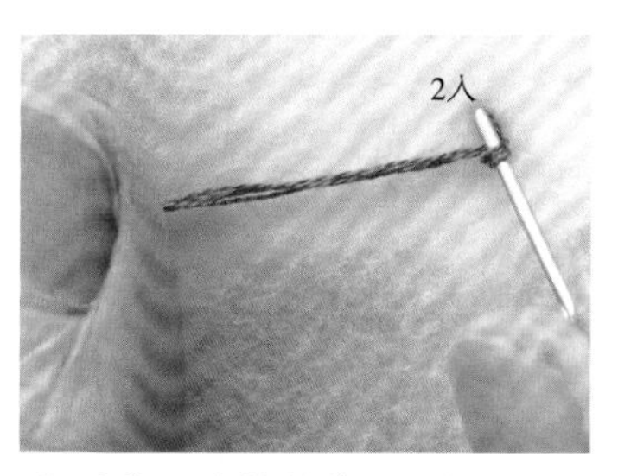

3 在靠近出针的位置2处入针，将线穿至反面。

4 在反面将线拉紧。

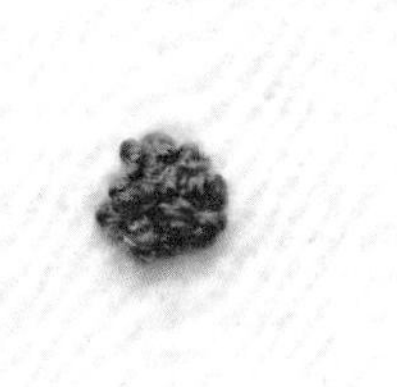

5 重复步骤1~4。

黑天鹅（白天鹅）的制作方法

开始刺绣前，先用花艺铁丝勾勒出轮廓。白天鹅的制作方法基本相同。

［纸型］ 100%

※请复印或者描下图案后使用。

作品图 —— *p.6*、*7*

［材料］

纸型

不织布（15cm × 15cm） 1块

25号刺绣线 / DMC：317（深灰色）、760（深粉色）、BLANC（白色）各适量

［白天鹅］DMC：BLANC（白色）、3078（黄色）、414（灰色）、310（黑色）各适量

蕾丝线（白色 / 80号）适量

人造花专用染料各适量→参照p.27

珍珠（白色 / 直径1mm） 5颗

花艺铁丝（白色 / 35号）适量

别针（35mm） 1个

黏合剂

［制作方法］ Ⅰ 描下纸型图案

将纸型放在不织布的上面，用水消笔描出轮廓。

Ⅱ 刺绣

全部用1股线按下面的顺序刺绣。刺绣完成后，将厨房湿巾等盖在上面，消除轮廓线。

※（ ）内为白天鹅所用颜色。

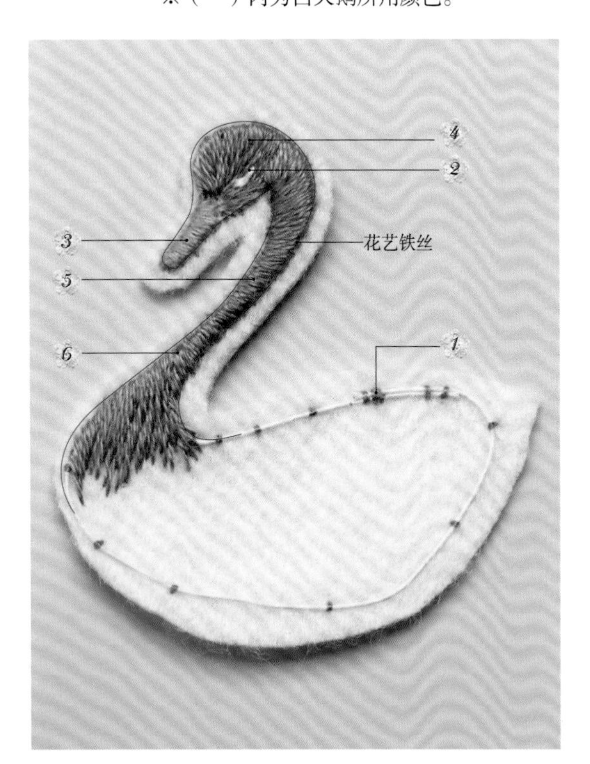

1. 轮廓 / 花艺铁丝、深灰色（白色）…钉线绣（→p.53）
2. 眼睛 / 白色（黑色、白色）…自由绣（→p.52）
   先随意地绣3条线，然后向右上方斜着绣2条线。
3. 嘴部 / 深粉色（黄色、灰色）…缎面绣
   在嘴部的前端纵向绣3~4次，然后在花艺铁丝之间来回渡线刺绣。

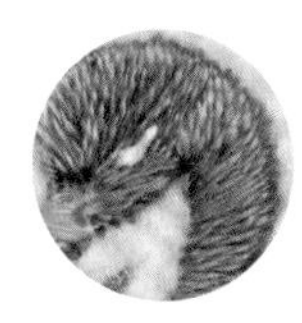

4. 头部、眼圈 / 深灰色（白色）…自由绣
   绣完眼圈后，大致绣出毛发的走向，然后进行填充。
5. 颈部 / 深灰色（白色）…缎面绣
   在花艺铁丝之间来回渡线刺绣。
6. 胸部 / 深灰色（白色）…自由绣
   大致绣出毛发的走向，然后进行填充。

III 制作花草部分的花片

参照表格，钩织所需数量的花片，上色后晾干备用。

◆ 黑天鹅

	花片名称	线的粗细	数量	钩织方法	配色（p.51）
A	山茶花	80号	1	p.36	19号
B	三色堇	80号	1	p.38	19号
C	紫罗兰	80号	1	p.34	19号
D	叶子	80号	1	p.35	19号
其他	小花（大）	80号	16 ~ 18	p.30	19号（不同深浅）

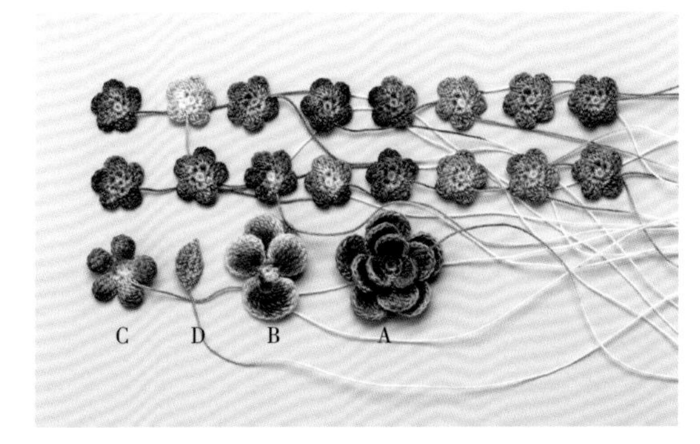

◆ 白天鹅

	花片名称	线的粗细	数量	钩织方法	配色（p.51）
A	大丽菊	80号	1	p.47	9号、10号、11号
B	三色堇	80号	1	p.38	9号、11号
C	紫罗兰	80号	1	p.34	9号
D	叶子	80号	1	p.35	10号
其他	小花（大）	80号	16 ~ 18	p.30	9号、10号、11号(全部稍浅)

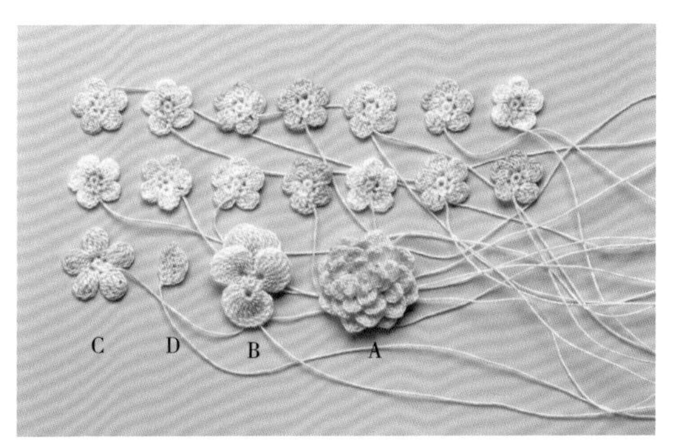

IV 按"轮廓→内侧"的顺序，缝上花片

沿着轮廓缝上小花（大），然后缝上主要的花朵。※（ ）内是白天鹅所用花片。

在尾部缝上叶子，沿着身体的轮廓缝一圈小花（大）。

在身体的中心缝上山茶花（大丽菊）、三色堇、紫罗兰。再用黏合剂在山茶花的花蕊处粘上5颗珍珠。

※最后的处理方法参照p.21。

羊驼的制作方法

需要刺绣的部分比较少，只有脸部和腿部。但是花草部分的花片比较多，给人非常华丽的感觉。仅在腿部周围加入花艺铁丝勾勒出轮廓。

纸型 100%

※请复印或者描下图案后使用。

作品图 ——— p.8

材料

纸型
不织布（15cm×15cm）1块
25号刺绣线 / DMC：BLANC（白色）、818（浅粉色）、414（灰色）、453（铜灰色）、310（黑色）各适量
蕾丝线（白色 / 80号、120号、160号）各适量
人造花专用染料各适量→参照p.27
花艺铁丝（白色 / 35号）适量
别针（28mm）1个
黏合剂

制作方法

Ⅰ 描下纸型图案

将纸型放在不织布的上面，用水消笔描出轮廓。

Ⅱ 刺绣

全部用1股线按下面的顺序刺绣。刺绣完成后，将厨房湿巾等盖在上面，消除轮廓线。

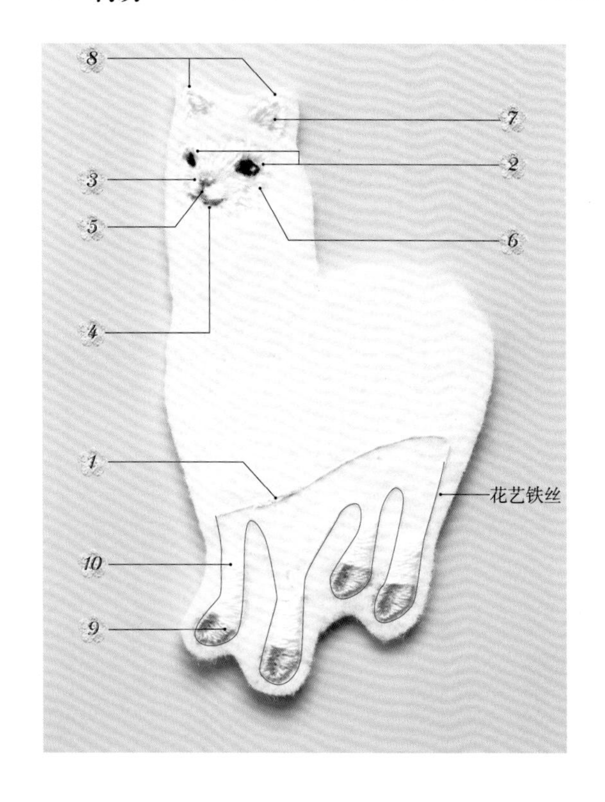

1 轮廓 / 花艺铁丝、白色…钉线绣（→p.53）

2 眼睛 / 黑色、白色…自由绣（→p.52）

3 鼻子 / 浅粉色…缎面绣
在鼻子位置横向笔直地绣2条线。

4 从鼻子到嘴部 / 灰色…轮廓绣

5 嘴部上方 / 白色…缎面绣
横向刺绣，填充嘴部和鼻子之间。

6 脸部 / 白色…自由绣
由中心向外侧刺绣。

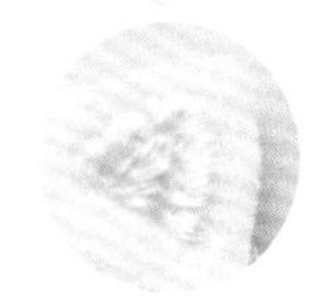

7 耳朵的内侧 / 浅粉色…自由绣

8 耳朵的外侧 / 白色…自由绣
针脚长度约1mm，绣在耳朵的外圈。

9 蹄子 / 铜灰色…缎面绣
以大致1：3的比例分左右2部分刺绣。

10 腿部 / 白色…缎面绣
在2根花艺铁丝之间来回渡线刺绣。

III 制作花草部分的花片

参照表格，钩织所需数量的花片，上色后晾干备用。

	花片名称	线的粗细	数量	钩织方法	配色（p.51）
A	蒲公英	80号	1	p.42	1号
B	白车轴草花	80号	1	p.44	13号
C	银莲花	80号	1	p.40	3号、1号（花蕊）
D	三叶草（大）	80号	1	p.46	14号
E	三叶草（小）	80号	1	p.46	13号
F	三叶草（小）	120号	1	p.46	13号
G	四叶草（小）	80号	1	p.46	14号
H	小花（小）	80号	7~8	p.32	1号、2号、3号、4号、14号
I	小花（小）	120号	5	p.32	1号、2号、3号、4号、14号
J	小花（小）	160号	4	p.32	1号、2号、4号、14号
其他	小花（大）	80号	10~12	p.30	1号、2号、4号、14号

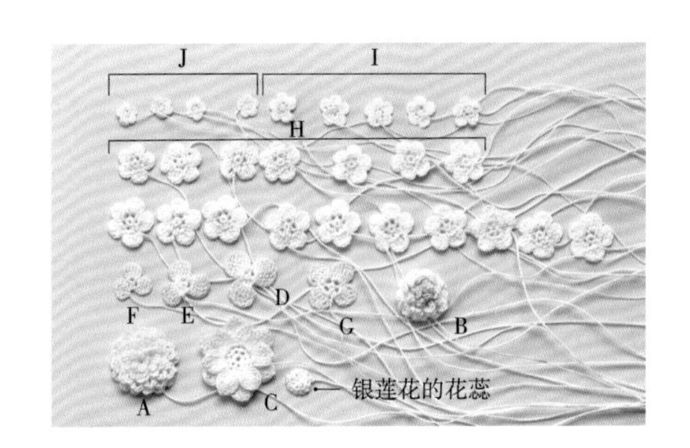

IV 按“轮廓→内侧”的顺序，缝上花片

沿着轮廓缝上小花（大）、（小），然后在身体中心缝上主要的花朵。

在身体周围缝上小花（大），然后在脸部周围缝上小花（小）。

在身体的中心缝上三叶草、四叶草、蒲公英、白车轴草花。缝银莲花时，一起缝上花蕊。

※最后的处理方法参照p.21。

火烈鸟的制作方法

先用花艺铁丝在脸部、颈部和腿部勾勒出轮廓后再进行刺绣。在身体部分相互重叠、密密地缝上花片。

纸型 100%

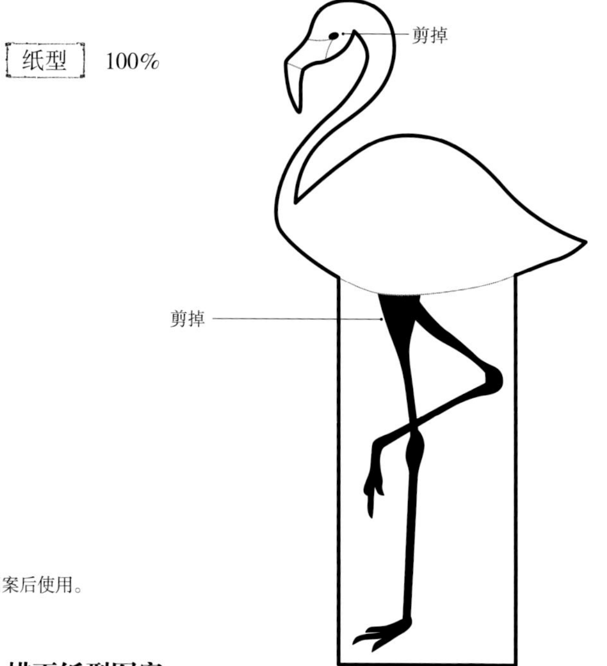

作品图 ——— *p.9*

材料

纸型

不织布（15cm × 15cm）1块

25号刺绣线 / DMC：761（肉粉色）、819（粉米色）、760（深粉色）、414（灰色）、310（黑色）、BLANC（白色）各适量

蕾丝线（白色 / 80号）适量

人造花专用染料各适量→参照p.27

花艺铁丝（白色 / 35号）适量

别针（28mm） 1个

黏合剂

※请复印或者描下图案后使用。

制作方法 I **描下纸型图案**

将纸型放在不织布的上面，用水消笔描出轮廓。

II **刺绣** 全部用1股线按下面的顺序刺绣。刺绣完成后，将厨房湿巾等盖在上面，消除轮廓线。

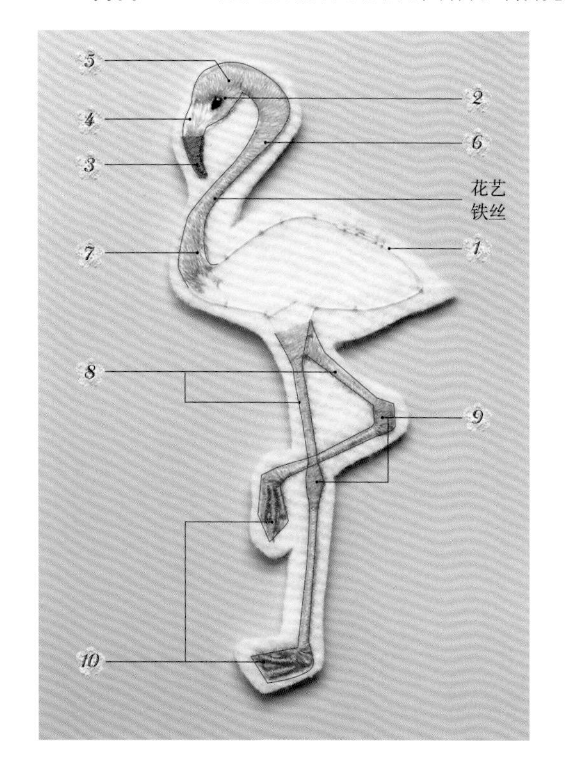

1 轮廓 / 花艺铁丝、肉粉色…钉线绣（→p.53）

2 眼睛 / 黑色、白色…自由绣（→p.52）

3 嘴部 / 灰色…缎面绣

4 鼻子 / 粉米色…自由绣

5 头部、脸部 / 肉粉色…自由绣
从眼圈向外呈放射状刺绣。

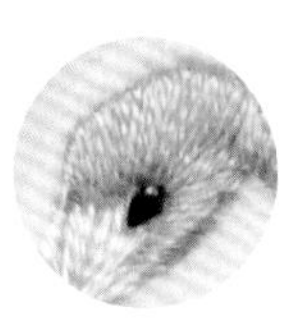

6 颈部 / 肉粉色…缎面绣

7 胸部 / 肉粉色…自由绣
从颈部向身体方向刺绣。

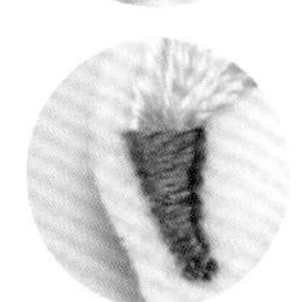

8 腿部 / 肉粉色…包线绣（→p.53）

9 关节 / 深粉色…缎面绣

10 足趾 / 深粉色…包线绣、自由绣
在2根花艺铁丝之间渡线刺绣，再用自由绣填充中间的空隙。

III 制作花草部分的花片 参照表格，钩织所需数量的花片，上色后晾干备用。

	花片名称	线的粗细	数量	钩织方法	配色（p.51）
A	大丽菊	80号	1	p.47	4号、13号
B	山茶花	80号	1	p.34	4号
C	叶子	80号	2	p.35	13号
D	小花（小）	80号	1~2	p.32	4号
其他	小花（大）	80号	10~11	p.30	3号、4号、13号

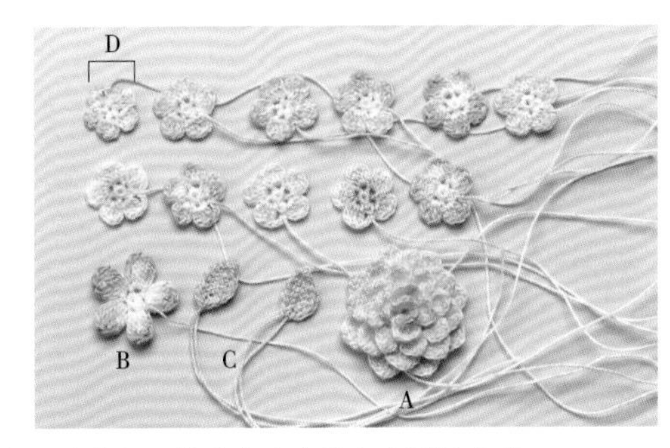

IV 按“轮廓→内侧”的顺序，缝上花片 沿着轮廓缝上小花（大）、（小），然后在中心缝上主要的花朵。

在尾部缝上2片叶子，在身体周围相互重叠地缝上小花（大）、（小）。

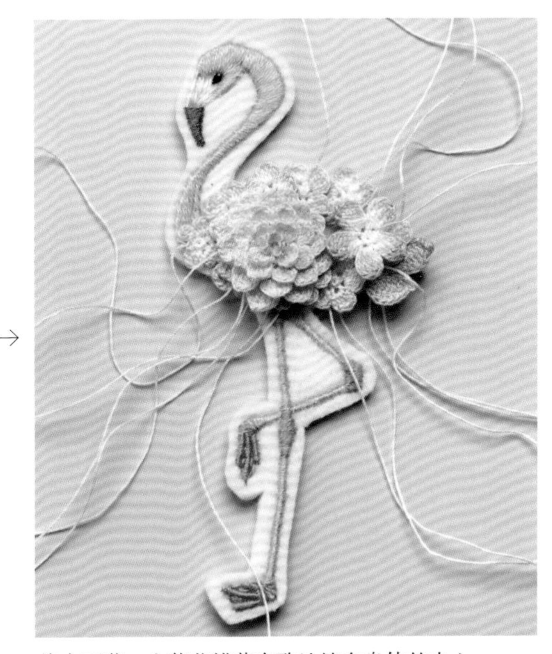

将大丽菊、山茶花错落有致地缝在身体的中心。

※最后的处理方法参照p.21。

这是将主体的大丽菊换成银莲花的改版。

鸭子的制作方法

从脸部到身体都用花艺铁丝勾勒出轮廓后再进行刺绣。
在身体部分密密地缝上花片。

作品图 ——— p.13

材料

纸型
不织布（15cm×15cm）1块
25号刺绣线／DMC：BLANC（白色）、3822（芥末黄色）、310（黑色）各适量
蕾丝线（白色／80号、120号、160号）各适量
人造花专用染料各适量→参照p.27
花艺铁丝（白色／35号）适量
别针（28mm）1个
黏合剂

制作方法

Ⅰ 描下纸型图案 纸型→p.67

将纸型放在不织布的上面，用水消笔描出轮廓。

Ⅱ 刺绣

全部用1股线刺绣。刺绣完成后，消除轮廓线。

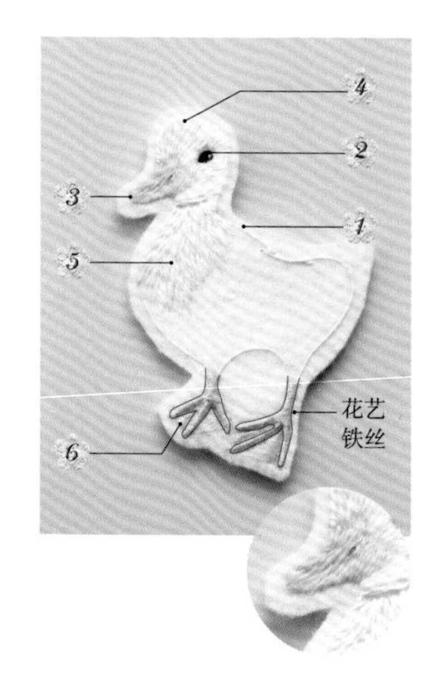

1. 轮廓／花艺铁丝、白色…钉线绣（→p.53）
2. 眼睛／黑色、白色…自由绣（→p.52）
3. 嘴部／芥末黄色…自由绣 从嘴部的前端向头部方向刺绣填充。
4. 头部／白色…自由绣 从嘴部向头部方向刺绣，填充至颈部。
5. 胸部／白色…自由绣 从颈部向胸部方向呈放射状刺绣。
6. 足部、掌蹼／芥末黄色…包线绣（→p.53）、缎面绣 足趾部位先纵向绣2~3次，然后在花艺铁丝上渡线刺绣。掌蹼部分做缎面绣。

翠鸟的制作方法

先用花艺铁丝勾勒出整体的轮廓后再进行刺绣。在整个翅膀上缝上花片，并在翅尖缝上叶子。

作品图 ——— p.17

材料

不织布（15cm×15cm）1块
25号刺绣线／DMC：3838（钴蓝色）、807（浅蓝色）、3822（芥末黄色）、762（银灰色）、414（灰色）、310（黑色）、BLANC（白色）各适量
蕾丝线（白色／80号）适量
人造花专用染料各适量→参照p.27
花艺铁丝（白色／35号）适量
别针（35mm）1个
黏合剂

制作方法

Ⅰ 描下纸型图案 纸型 → p.67

将纸型放在不织布的上面，用水消笔描出轮廓。

Ⅱ 刺绣

全部用1股线刺绣。刺绣完成后，消除轮廓线。

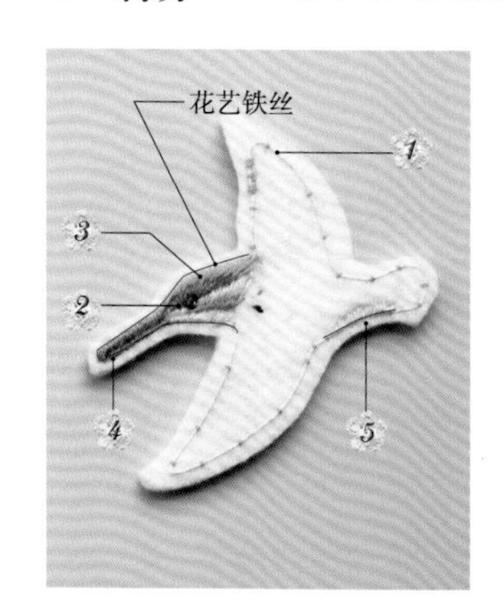

1. 轮廓／花艺铁丝、浅蓝色、钴蓝色、灰色、芥末黄色…钉线绣（→p.53）
2. 眼睛／黑色、白色…自由绣（→p.52）
3. 从脸部到头部／浅蓝色、钴蓝色、芥末黄色、银灰色…自由绣 分别用各种颜色的线纵向刺绣。

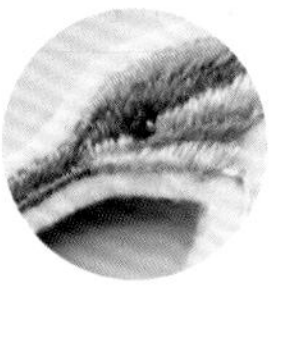

4. 嘴部／钴蓝色、灰色…自由绣、包线绣（→p.53）
5. 尾部下侧／芥末黄色…自由绣

Ⅲ 制作花草部分的花片

参照表格，钩织所需数量的花片，上色后晾干备用。

	花片名称	线的粗细	数量	钩织方法	配色（p.51）
A	三色堇	80号	1	p.38	2号、3号、5号
B	紫罗兰	80号	1	p.34	4号
C	叶子	80号	1	p.35	13号
D	小花（大）	80号	6~8	p.30	1号、2号、3号、13号
E	小花（小）	120号	3~4	p.32	1号、2号、3号、13号
F	小花（小）	160号	1	p.32	3号
其他	小花（小）	80号	7~8	p.32	1号、2号、3号、4号、13号

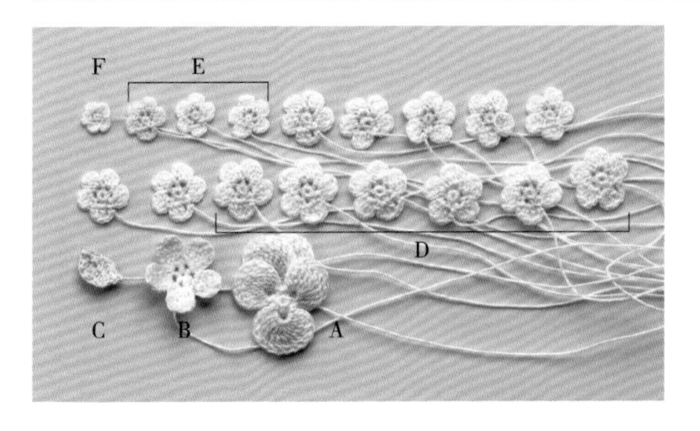

Ⅳ 按“轮廓→内侧”的顺序，缝上花片

沿着轮廓缝上小花（大）、（小），然后缝上主要的花朵。

在尾部缝上1片叶子，然后在身体周围缝上小花（大）、（小）。

在身体的中心缝上三色堇、紫罗兰。

※最后的处理方法参照p.21。

Ⅲ 制作花草部分的花片

参照表格，钩织所需数量的花片，上色后晾干备用。

	花片名称	线的粗细	数量	钩织方法	配色（p.51）
A	大丽菊	80号	1	p.47	16号、17号
B	三色堇	80号	1	p.38	2号、16号
C	叶子	80号	5	p.35	16号、17号
D	尾部	80号	3	p.35	16号、17号
E	小花（小）	80号	3	p.32	16号、18号
其他	小花（大）	80号	14~16	p.30	2号、16号、17号、18号

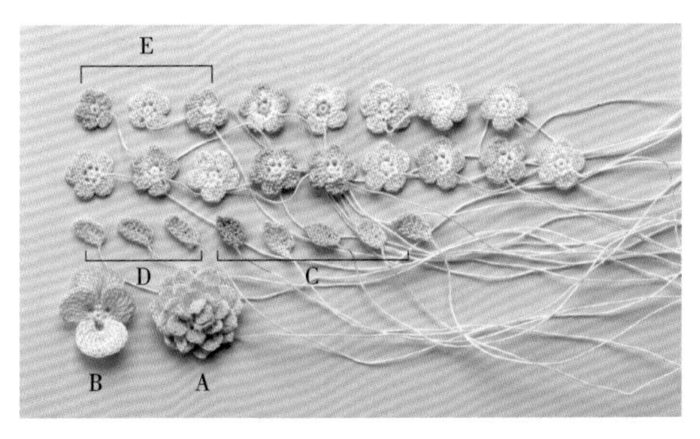

Ⅳ 按“轮廓→内侧”的顺序，缝上花片

在整个翅膀上缝上小花，在翅尖缝上叶子，在尾部缝上尾巴的花片。再在小花上重叠着缝好三色堇和大丽菊。

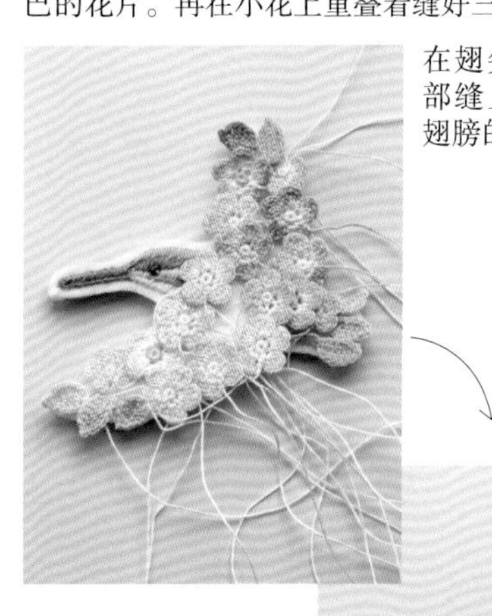

在翅尖缝上叶子，在尾部缝上花片，然后沿着翅膀的轮廓缝上小花。

将三色堇和大丽菊重叠在上面缝好。

※最后的处理方法参照p.21。

玄凤鹦鹉的制作方法

从脸部到身体都用花艺铁丝勾勒出轮廓后再进行刺绣，再在身体部分缝上花片。与虎皮鹦鹉的制作方法基本相同（→p.22）。

作品图———p.11

[材料]

纸型

不织布（15cm×15cm）1块

25号刺绣线/DMC：3078（黄色）、3713（粉红色）、818（浅粉色）、310（黑色）、BLANC（白色）各适量

蕾丝线（白色/80号）适量

人造花专用染料各适量→参照p.27

花艺铁丝（白色/35号）适量

别针（35mm）1个

黏合剂

[制作方法]

I 描下纸型图案 纸型→p.69

将纸型放在不织布的上面，用水消笔描出轮廓。

II 刺绣 全部用1股线按下面的顺序刺绣。刺绣完成后，消除轮廓线。

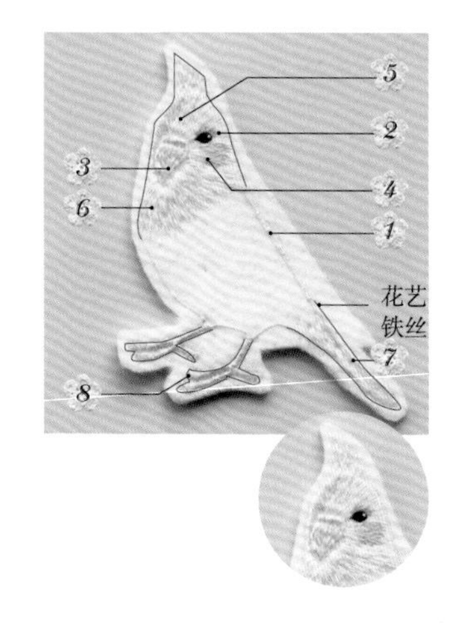

1. 轮廓/花艺铁丝、黄色…钉线绣（→p.53）
2. 眼睛/黑色、白色…自由绣（→p.52）
3. 嘴部/浅粉色…轮廓绣、自由绣
   用轮廓绣勾勒出轮廓，再用自由绣填充。
4. 脸颊/粉红色…自由绣
5. 从头部到冠羽/黄色…自由绣
6. 颈部/黄色…自由绣
7. 尾部/黄色…自由绣
8. 足部/浅粉色…包线绣（→p.53）

文鸟的制作方法

从脸部到身体都用花艺铁丝勾勒出轮廓后再进行刺绣，再在身体部分缝上花片。与虎皮鹦鹉的制作方法基本相同（→p.22）。

作品图———p.11

[材料]

纸型

不织布（15cm×15cm）1块

25号刺绣线/DMC：BLANC（白色）、760（深粉色）、3713（粉红色）、818（浅粉色）、310（黑色）各适量

蕾丝线（白色/80号、120号）各适量

人造花专用染料各适量→参照p.27

花艺铁丝（白色/35号）适量

别针（35mm）1个

黏合剂

[制作方法]

I 描下纸型图案 纸型→p.69

将纸型放在不织布的上面，用水消笔描出轮廓。

II 刺绣 全部用1股线按下面的顺序刺绣。刺绣完成后，消除轮廓线。

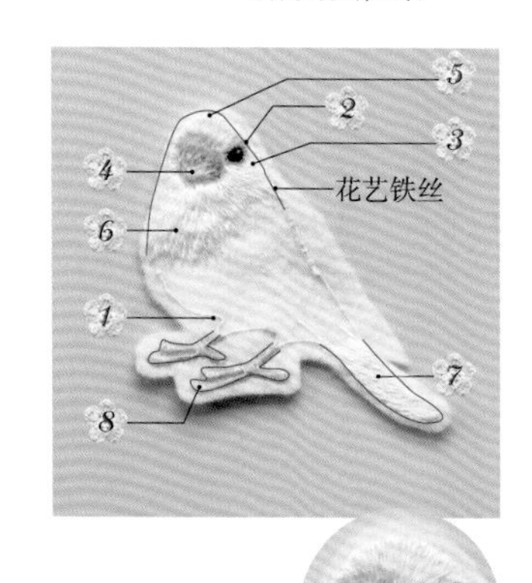

1. 轮廓/花艺铁丝、白色…钉线绣（→p.53）
2. 眼睛/黑色、白色…自由绣（→p.52）
3. 眼圈/深粉色…轮廓绣
   在黑眼珠周围绣一圈。
4. 嘴部/深粉色、粉红色、浅粉色…轮廓绣、自由绣
   用轮廓绣勾勒出轮廓，再从上往下、由深到浅绣出渐变色的效果。
5. 头部/白色…自由绣
6. 从颈部到胸部/白色…自由绣
7. 尾部/白色…自由绣
8. 足部/浅粉色…包线绣（→p.53）

Ⅲ 制作花草部分的花片

参照表格，钩织所需数量的花片，上色后晾干备用。

	花片名称	线的粗细	数量	钩织方法	配色（p.51）
A	三色堇	80号	1	p.38	1号
B	紫罗兰	80号	1	p.34	2号
C	叶子	80号	2	p.35	1号
D	小花（小）	80号	3 ~ 4	p.32	1号
其他	小花（大）	80号	13 ~ 15	p.30	1号（不同深浅）

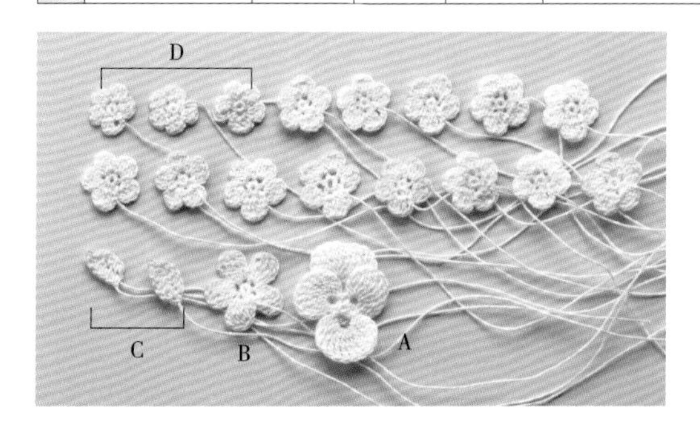

Ⅳ 按“轮廓→内侧”的顺序，缝上花片

分别在身体和翅膀上缝上小花（大）、（小），然后在翅膀上缝上主要的花朵。

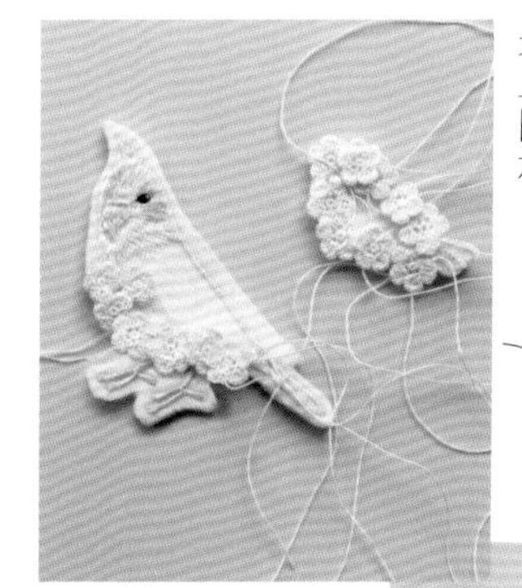

先在上层翅膀的翅尖缝上2片叶子，再在翅膀周围和身体的腹部缝上小花（大）、（小）。

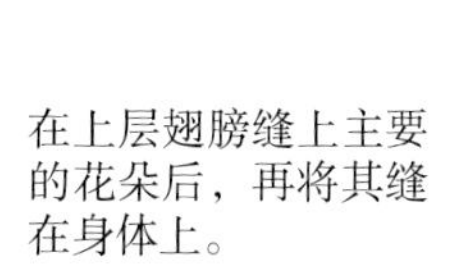

在上层翅膀缝上主要的花朵后，再将其缝在身体上。

※最后的处理方法参照p.21。

Ⅲ 制作花草部分的花片

参照表格，钩织所需数量的花片，上色后晾干备用。

	花片名称	线的粗细	数量	钩织方法	配色（p.51）
A	三色堇	80号	1	p.38	4号（极浅）
B	紫罗兰	80号	1	p.34	3号（极浅）
C	叶子	80号	2	p.35	无须上色（保持白色）
D	小花（小）	80号	4 ~ 5	p.32	4号（稍浅）
E	小花（小）	120号	1	p.32	3号（稍浅）
其他	小花（大）	80号	15~17	p.30	3号（稍浅）、4号（稍浅）、无须上色

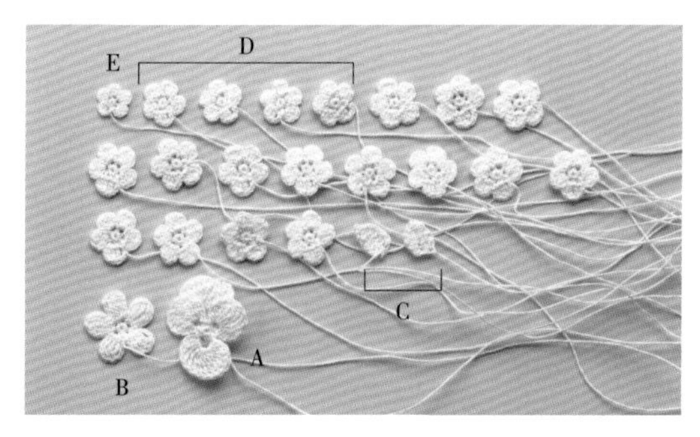

Ⅳ 按“轮廓→内侧”的顺序，缝上花片

分别在身体和翅膀缝上小花（大）、（小），然后在翅膀上缝上主要的花朵。

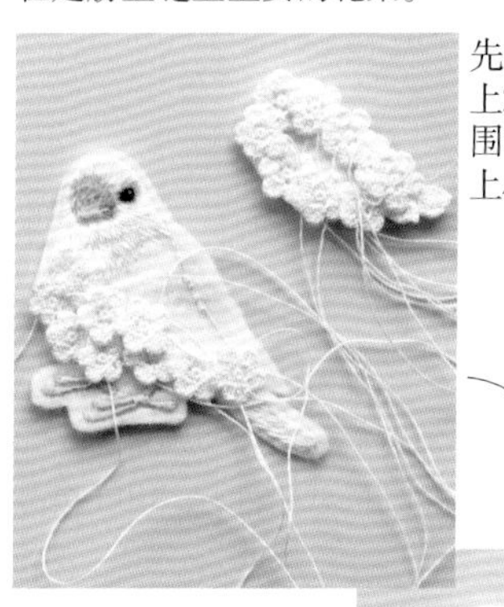

先在上层翅膀的翅尖缝上2片叶子，再在翅膀周围和身体的腹部一侧缝上小花（大）、（小）。

在上层翅膀缝上主要的花朵后，再将其缝在身体上。

※最后的处理方法参照p.21。

太平洋鹦鹉的制作方法

在小鸟系列作品中，只有这一款在脸部和尾部不加入花艺铁丝。当然，也可以按自己的喜好选择是否加入花艺铁丝。

作品图——— *p.11*

【材料】

纸型

不织布（15cm×15cm）1块

25号刺绣线／162（淡蓝色）、3840（蓝色）、818（浅粉色）、310（黑色）、BLANC（白色）各适量

蕾丝线（白色／80号、120号）各适量

人造花专用染料各适量→参照p.27

花艺铁丝（白色／35号）适量

别针（35mm）1个

黏合剂

【制作方法】

I　描下纸型图案　纸型→p.71

将纸型放在不织布的上面，用水消笔描出轮廓。

II　刺绣　全部用1股线按下面的顺序刺绣。刺绣完成后，将厨房湿巾等盖在上面，消除轮廓线。

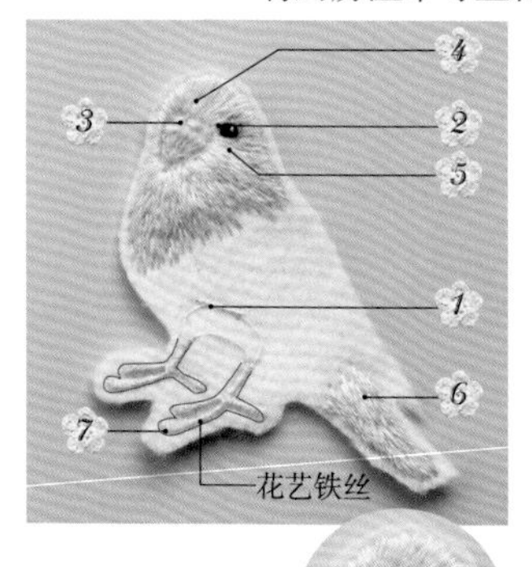

1. 轮廓／淡蓝色、花艺铁丝、浅粉色…轮廓绣、钉线绣（→p.53）
2. 眼睛／黑色、白色…自由绣（→p.52）
3. 嘴部／浅粉色…自由绣
   用轮廓绣勾勒出轮廓后，用浅粉色线进行刺绣。再在上端横向绣2针。
4. 头部／淡蓝色…自由绣
5. 从颈部到胸部／淡蓝色、蓝色…自由绣
   从脸部中心向身体一侧刺绣，呈现渐变色的效果。
6. 尾部／淡蓝色、蓝色…自由绣
   朝尾巴末端方向刺绣，呈现渐变色的效果。
7. 足部／浅粉色…包线绣（→p.53）

鲸鱼的制作方法

从脸部到整个身体都用花艺铁丝勾勒出轮廓后再进行刺绣。以腹部为中心缝上花片。

作品图——— *p.17*

【材料】

纸型

不织布（15cm×15cm）1块

25号刺绣线／3838（钴蓝色）、3839（浅钴蓝色）、BLANC（白色）、310（黑色）、415（银灰色）各适量

蕾丝线（白色／80号、100号、120号、160号）各适量

人造花专用染料各适量→参照p.27

花艺铁丝（白色／35号）适量

别针（35mm）1个

玻璃珠（直径3mm）1颗

黏合剂

【制作方法】

I　描下纸型图案　纸型→p.71

将纸型放在不织布的上面，用水消笔描出轮廓。

II　刺绣　全部用1股线按下面的顺序刺绣。刺绣完成后，将厨房湿巾等盖在上在面，消除轮廓线。

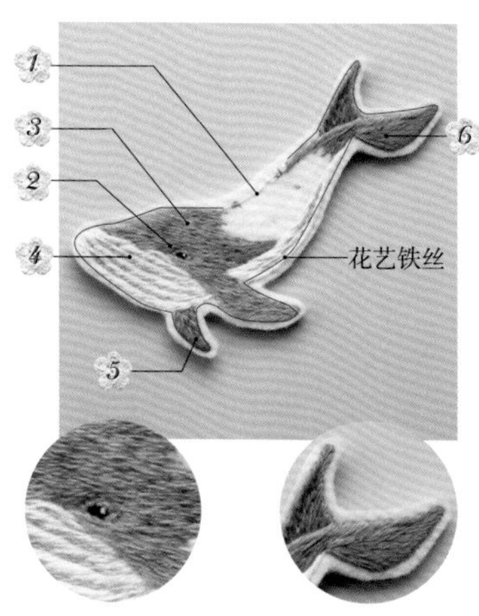

1. 轮廓／花艺铁丝、白色、钴蓝色…钉线绣（→p.53）
2. 眼睛／黑色、白色、浅钴蓝色…自由绣（→p.52）、轮廓绣
   在黑眼珠周围用浅钴蓝色线做轮廓绣。
3. 头部／浅钴蓝色、钴蓝色…自由绣
4. 从嘴部到腹部／银灰色、白色…轮廓绣、自由绣
   先用银灰色线做横线条的轮廓绣，再用白色线做自由绣进行填充。
5. 胸鳍／钴蓝色…自由绣
6. 尾鳍／浅钴蓝色、钴蓝色…自由绣
   用浅钴蓝色线从背部向尾部方向刺绣，然后用钴蓝色线刺绣填充剩余部分。

Ⅲ 制作花草部分的花片

参照表格，钩织所需数量的花片，上色后晾干备用。

	花片名称	线的粗细	数量	钩织方法	配色（p.51）
A	三色堇	80号	1	p.38	16号、17号
B	紫罗兰	80号	1	p.34	17号
C	叶子	80号	2	p.35	17号
D	小花（小）	80号	1 ~ 2	p.32	16号
E	小花（小）	120号	1	p.32	16号
其他	小花（大）	80号	15 ~ 16	p.30	16号、17号

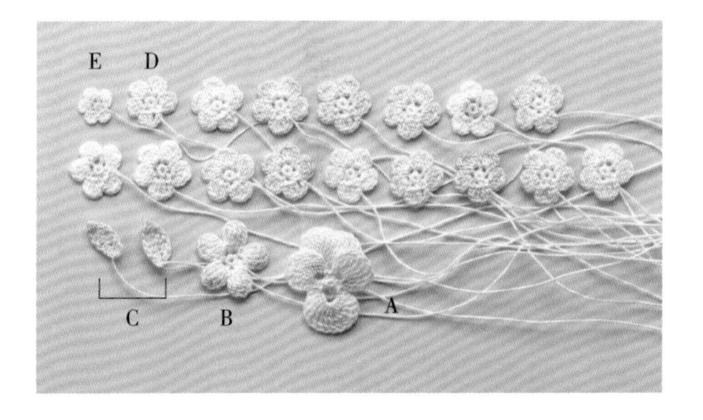

Ⅳ 按"轮廓→内侧"的顺序，缝上花片

分别在身体和翅膀上缝上小花（大）、（小），然后在翅膀上缝上主要的花朵。

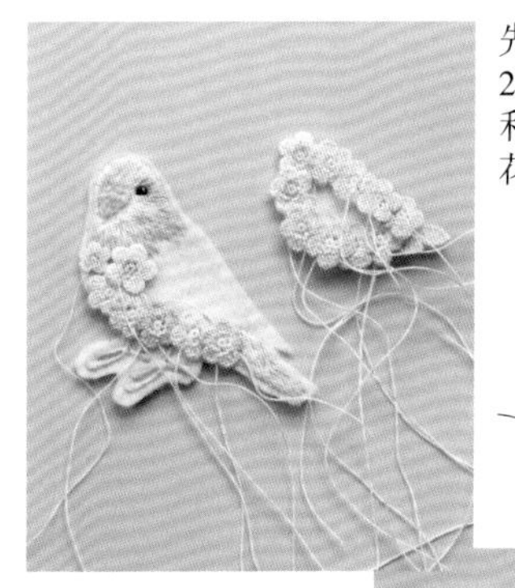

先在上层翅膀的翅尖缝上2片叶子，再在翅膀周围和身体的腹部一侧缝上小花（大）、（小）。

在上层翅膀缝上主要的花朵后，再将其缝在身体上。

※最后的处理方法参照p.21。

Ⅲ 制作花草部分的花片

参照表格，钩织所需数量的花片，上色后晾干备用。

	花片名称	线的粗细	数量	钩织方法	配色（p.51）
A	山茶花	100号	1	p.36	10号、17号
B	三色堇	120号	1	p.38	10号、11号
C	紫罗兰	120号	1	p.34	17号
D	小花（小）	120号	6 ~ 7	p.32	10号、11号
E	小花（小）	160号	3	p.32	10号、11号
其他	小花（小）	80号	9 ~ 11	p.32	10号、11号

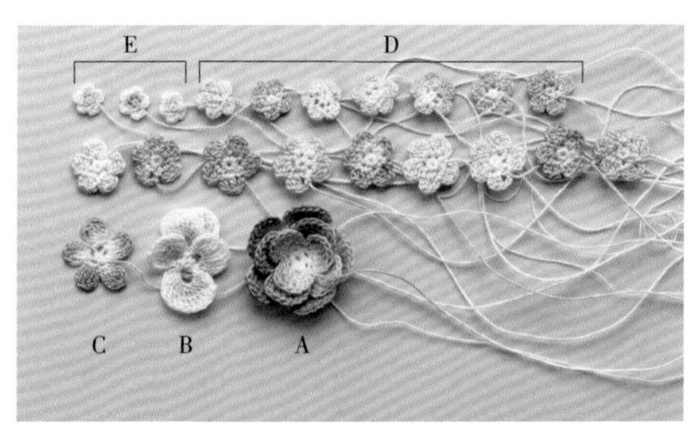

Ⅳ 按"整体→内侧"的顺序，缝上花片

以没有刺绣的部分为中心缝上小花，然后将三色堇、山茶花、紫罗兰等主要的花朵叠放在上面缝好。

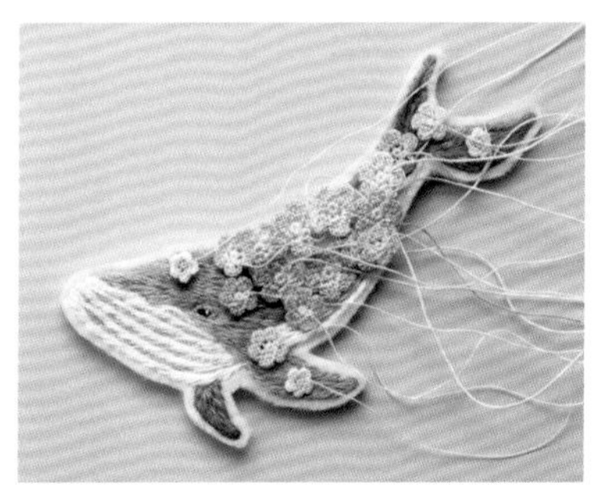

在没有刺绣的部分缝满小花，在刺绣的部分零星地缝上小花D、E。

将三色堇、山茶花、紫罗兰叠放在小花上面缝好。再在山茶花的花蕊处粘上玻璃珠。

※最后的处理方法参照p.21。

绵羊的制作方法

从脸部到身体都用花艺铁丝勾勒出轮廓后再进行刺绣。
所有花片都用原白色的线钩织后再上色。

纸型　100%

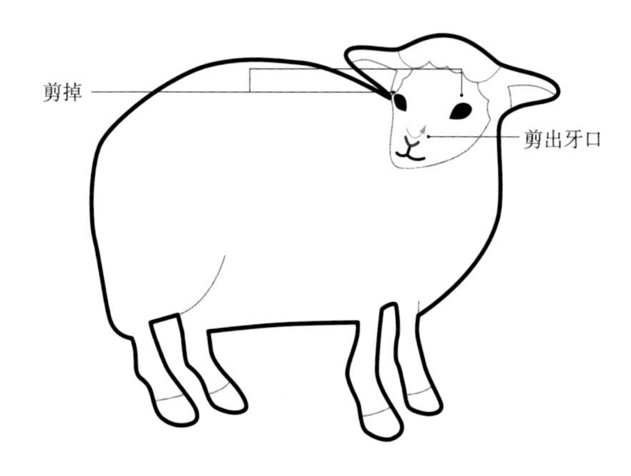

※请复印或者描下图案后使用。

作品图——p.12

材料

纸型

不织布（15cm×15cm）1块

25号刺绣线 / DMC：ECRU（米色）、BLANC（白色）、819（粉米色）、310（黑色）、414（灰色）、842（浅茶色）各适量

蕾丝线（原白色 / 80号）适量

人造花专用染料各适量→参照p.27

花艺铁丝（白色 / 35号）适量

珍珠（白色 / 直径1mm）5颗

别针（35mm）1个

黏合剂

制作方法

Ⅰ　描下纸型图案

将纸型放在不织布的上面，用水消笔描出轮廓。

Ⅱ　刺绣

全部用1股线按下面的顺序刺绣。刺绣完成后，将厨房湿巾等盖在上面，消除轮廓线。

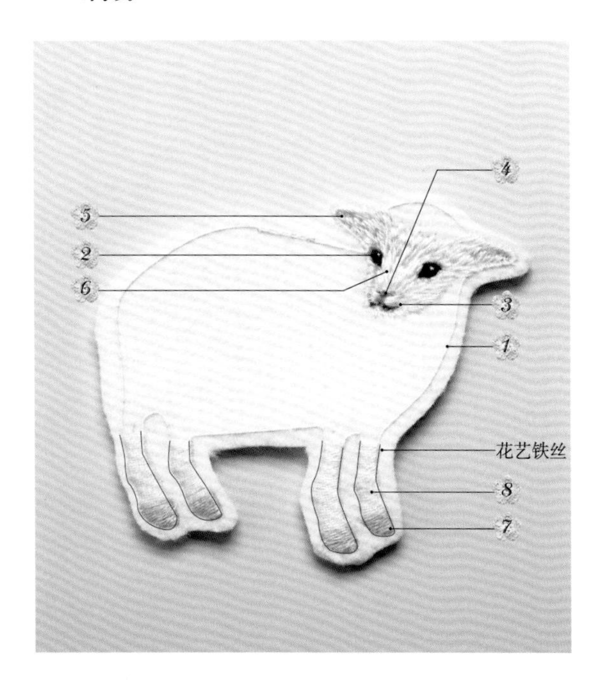

1. 轮廓 / 花艺铁丝、米色…钉线绣（→p.53）
2. 眼睛 / 黑色、白色…自由绣（→p.52）
3. 嘴部 / 灰色…轮廓绣
   从鼻子下方到嘴部用轮廓绣连续刺绣。
4. 鼻子 / 粉米色…缎面绣
   横向绣2条线。
5. 耳朵 / 粉米色、米色…自由绣、包线绣（→p.53）
   耳朵内侧用粉米色线刺绣，外侧用米色线盖住花艺铁丝做包线绣。
6. 鼻子上方、头部、脸部 / 白色、米色…自由绣
   鼻子上方用白色线刺绣。头部和脸颊用米色线呈放射状刺绣。头顶要缝上花片，所以无须刺绣。
7. 蹄子 / 浅茶色…缎面绣
8. 腿部 / 米色…缎面绣

Ⅲ 制作花草部分的花片

参照表格，钩织所需数量的花片，上色后晾干备用。

※用线为原白色。

	花片名称	线的粗细	数量	钩织方法	配色（p.51）
A	三色堇	80号	2	p.38	6号、11号
B	银莲花	80号	1	p.40	4号、6号（花蕊）
C	山茶花	80号	1	p.36	3号
D	紫罗兰	80号	2	p.34	6号、12号
E	小花（小）	80号	1	p.32	7号
其他	小花（大）	80号	20 ~ 23	p.30	3号、4号、6号、11号

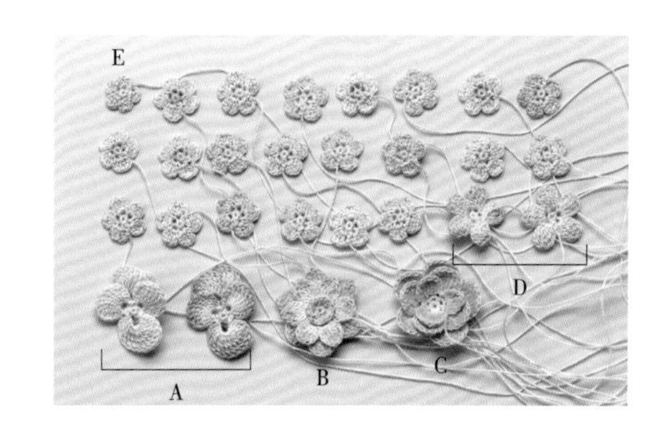

Ⅳ 按“轮廓→内侧”的顺序，缝上花片

沿着轮廓缝上小花（大）、（小），然后在中心缝上主要的花朵。

在身体和脸部周围不留缝隙地缝上小花（大）、（小），再在耳朵的下方缝上小花E。

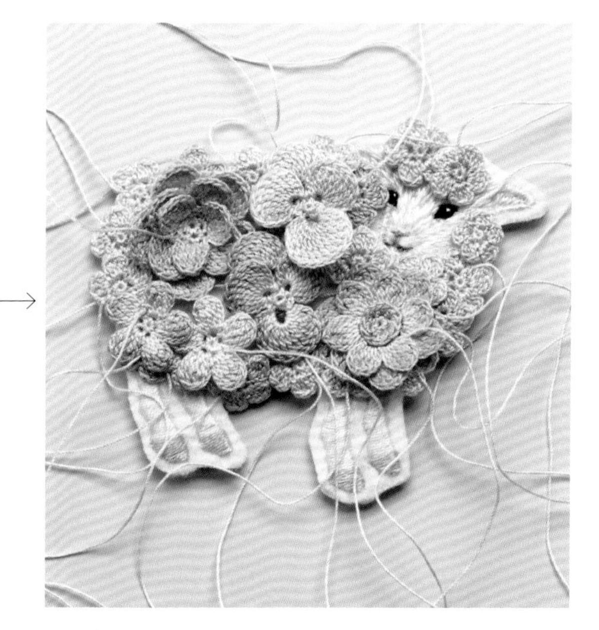

在身体的中心缝上三色堇、山茶花和紫罗兰。将银莲花和花蕊一起缝在上面。在山茶花的花蕊处粘上珍珠。

※最后的处理方法参照p.21。

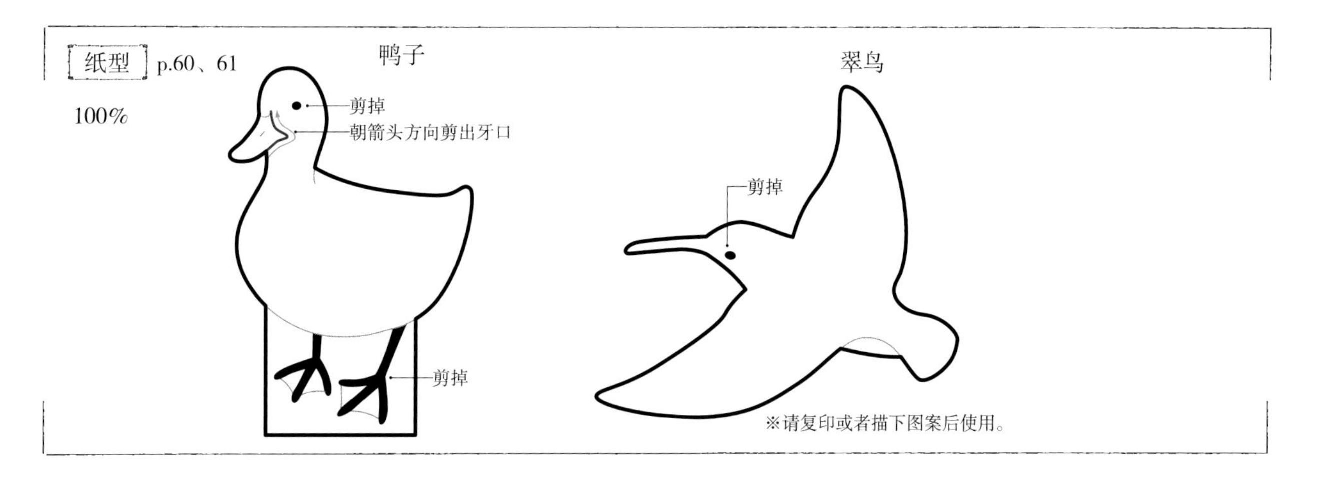

※请复印或者描下图案后使用。

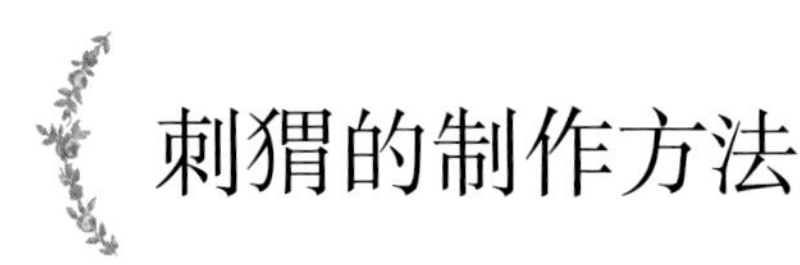

刺猬的制作方法

无须加入花艺铁丝，用轮廓绣勾勒出轮廓后再进行刺绣。缝满小花后，再缝上白车轴草花和三叶草。

[纸型] 100%

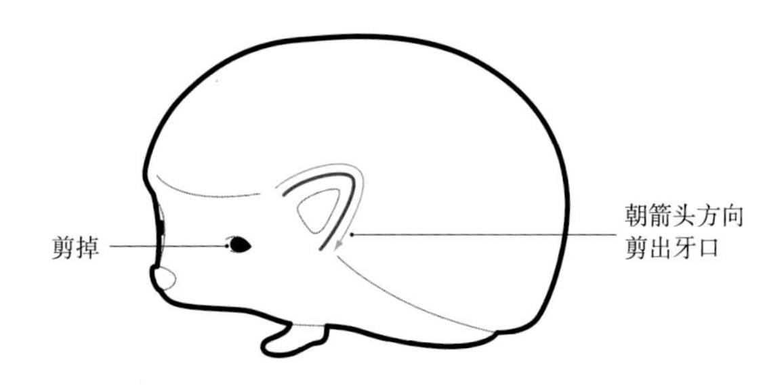

※请复印或者描下图案后使用。

作品图 ——— *p.13*

[材料]

纸型

不织布（15cm×15cm）1块

25号刺绣线 / DMC：ECRU（米色）、819（粉米色）、543（浅驼色）、414（灰色）、310（黑色）、BLANC（白色）各适量

蕾丝线（白色 / 80号）适量

人造花专用染料各适量→参照p.27

别针（35mm）1个

黏合剂

[制作方法] Ⅰ **描下纸型图案**

将纸型放在不织布的上面，用水消笔描出轮廓。

Ⅱ **刺绣** 全部用1股线按下面的顺序刺绣。刺绣完成后，将厨房湿巾等盖在上面，消除轮廓线。

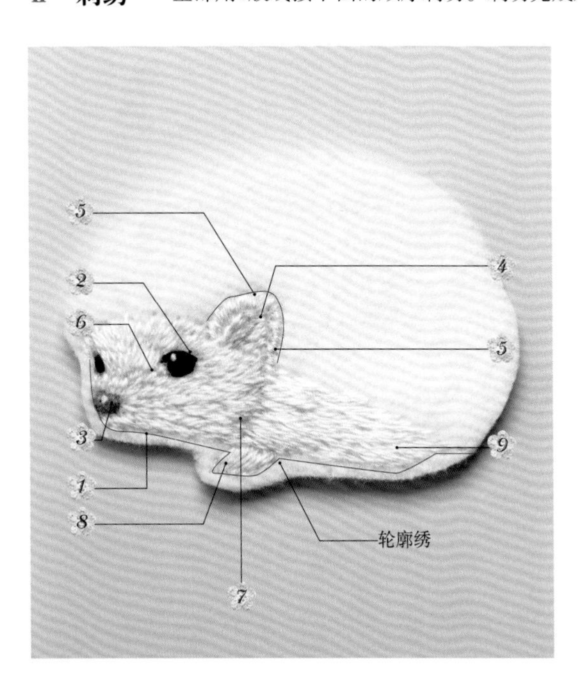

1. 轮廓 / 米色…轮廓绣（→p.52）
2. 眼睛 / 黑色、白色…自由绣（→p.52）、轮廓绣
   左眼用轮廓绣绣上眼睫毛。
3. 鼻子 / 灰色、白色…缎面绣
   用灰色线纵向刺绣，然后绣上一点白色线作为高光。
4. 耳朵的内侧 / 粉米色、浅驼色、白色…自由绣
   将耳朵的内侧纵向分成两部分，分别用粉米色线和浅驼色线刺绣。
   再在左端纵向绣1条白色的线。
5. 耳朵的外侧 / 米色…缎面绣
6. 脸部 / 粉米色、米色…自由绣
   从鼻子向外呈放射状刺绣，从粉米色到米色，绣出渐变色的效果。
7. 脸部与腹部之间 / 浅驼色…自由绣
8. 足部 / 米色…缎面绣
9. 腹部 / 米色…自由绣

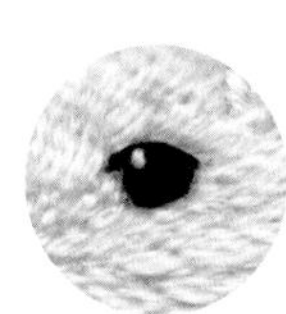

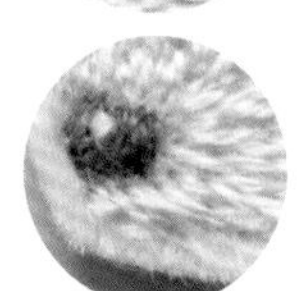

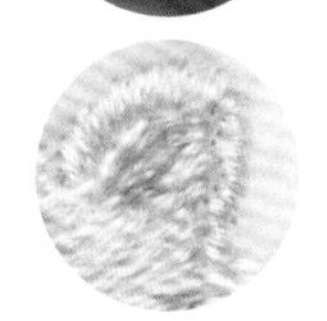

Ⅲ 制作花草部分的花片

参照表格，钩织所需数量的花片，上色后晾干备用。

	花片名称	线的粗细	数量	钩织方法	配色（p.51）
A	蒲公英	80号	1	p.42	1号
B	白车轴草花	80号	2	p.44	13号、14号
C	紫罗兰	80号	1	p.34	3号
D	三叶草（大）	80号	1	p.46	13号、14号
E	三叶草（小）	80号	3	p.46	14号、15号
F	四叶草（大）	80号	1	p.46	14号
G	四叶草（小）	80号	1	p.46	15号
其他	小花（小）	80号	16~18	p.32	1号、2号、3号、13号、14号

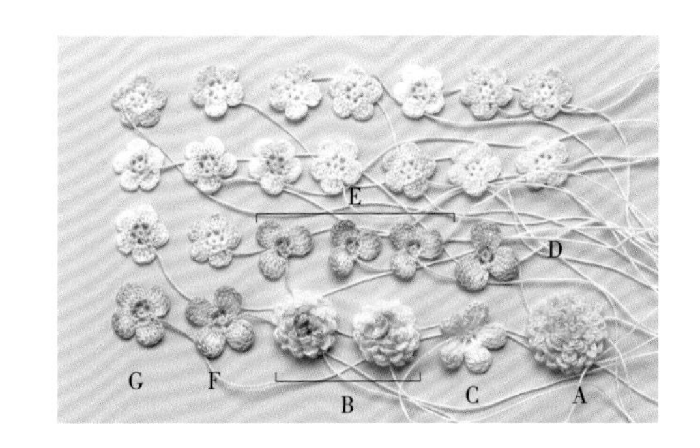

Ⅳ 按“轮廓→内侧”的顺序，缝上花片

沿着轮廓缝上小花（大）、（小），然后在中心缝上主要的花朵。

在头部缝满小花，再在身体的周围缝上小花。

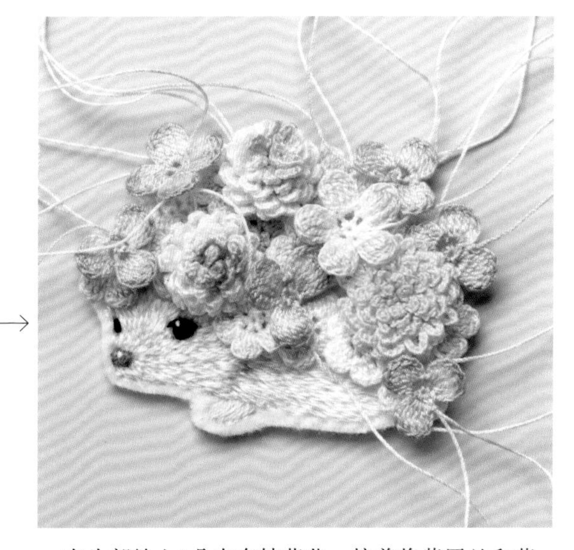

在头部缝上2朵白车轴草花，接着将紫罗兰和蒲公英缝在身体上，再在空隙处缝上三叶草和四叶草。

※最后的处理方法参照p.21。

纸型 p.62、63

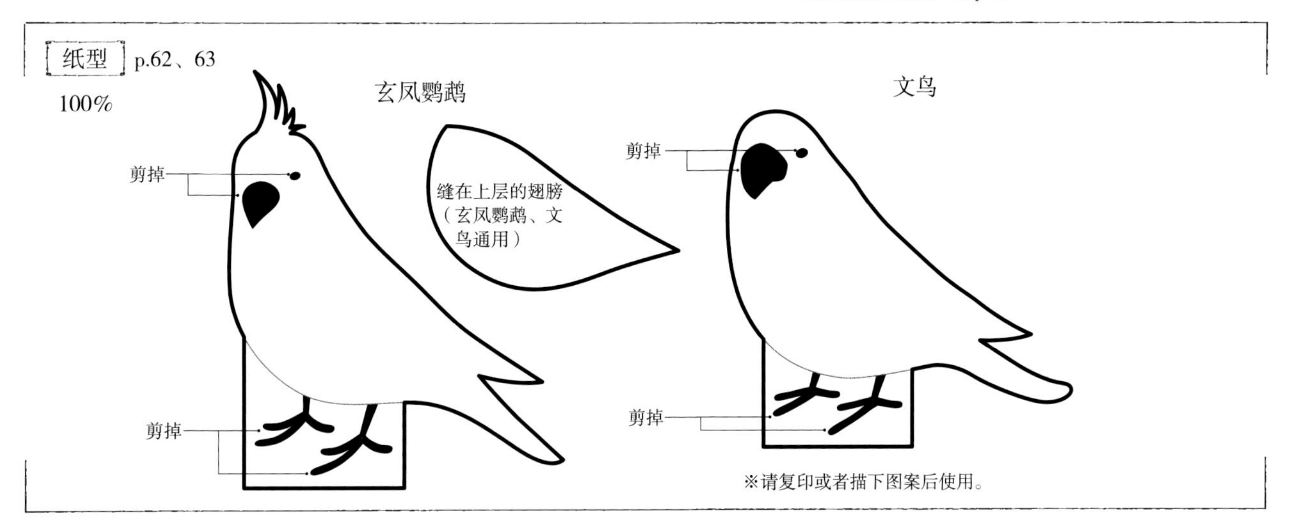

※请复印或者描下图案后使用。

柯基犬的制作方法

从脸部到身体都用花艺铁丝勾勒出轮廓后再进行刺绣。在刺绣部分也零星地缝上花片，使整体呈现轻快的感觉。

【纸型】 100%

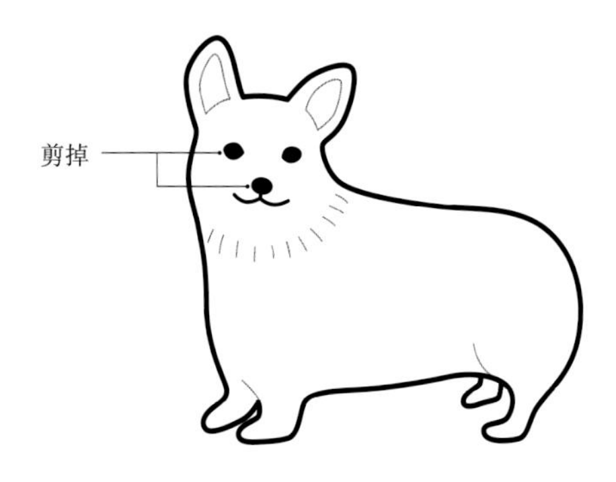

※请复印或者描下图案后使用。

作品图 ——— *p.14*

【材料】

纸型

不织布（15cm×15cm）1块

25号刺绣线 / DMC：738（土黄色）、BLANC（白色）、3024（灰色）、818（浅粉色）、310（黑色）各适量

蕾丝线（白色 / 80号、120号、160号）各适量

人造花专用染料各适量→参照p.27

花艺铁丝（白色 / 35号）适量

别针（28mm）1个

黏合剂

【制作方法】 Ⅰ **描下纸型图案**

将纸型放在不织布的上面，用水消笔描出轮廓。

Ⅱ **刺绣** 全部用1股线按下面的顺序刺绣。刺绣完成后，将厨房湿巾等盖在上面，消除轮廓线。

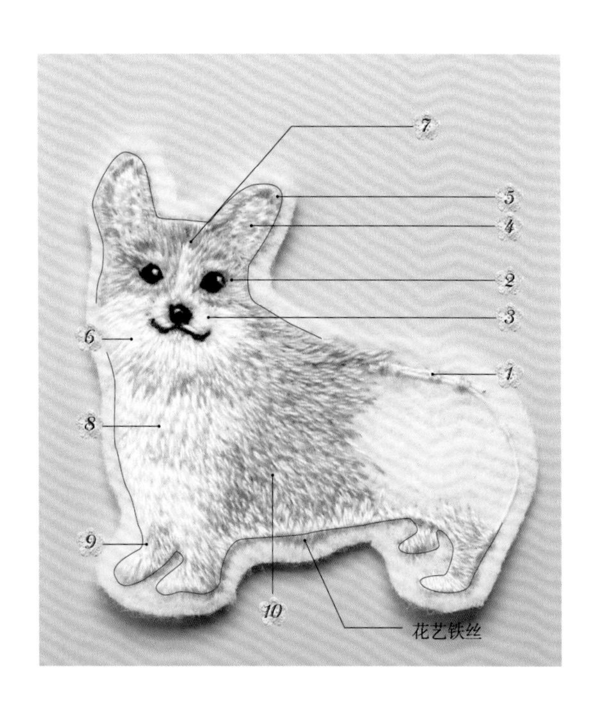

1. 轮廓 / 花艺铁丝、土黄色…钉线绣（→p.53）
2. 眼睛 / 黑色、白色…自由绣（→p.52）
3. 鼻子、嘴部 / 黑色、白色…缎面绣、轮廓绣
   鼻子部分横向刺绣，鼻子与嘴部之间做轮廓绣，再在鼻子上绣一点白色。

4. 耳朵的内侧 / 浅粉色、白色…自由绣
5. 耳朵的外侧 / 土黄色…包线绣（→p.53）

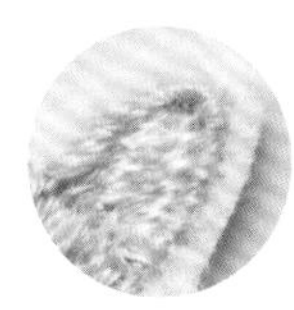

6. 脸部、鼻子上方、眼睛上方 / 白色…自由绣
   鼻子上方纵向刺绣，眼睛上方斜向刺绣。
7. 头部 / 土黄色…自由绣
   先绣眼圈部分，再绣头部。
8. 从颈部到胸部 / 灰色、白色…自由绣
   先用灰色线绣颈部周围，再用白色线绣出渐变色的效果。
9. 腿部 / 灰色、白色、土黄色…自由绣
   用灰色线和白色线绣出渐变色的效果。在后腿上绣一点土黄色。
10. 身体 / 土黄色…自由绣

Ⅲ 制作花草部分的花片

参照表格，钩织所需数量的花片，上色后晾干备用。

	花片名称	线的粗细	数量	钩织方法	配色（p.51）
A	三色堇	120号	1	p.38	2号、3号、4号
B	紫罗兰	120号	2	p.34	6号、13号
C	三叶草（小）	120号	1	p.46	13号
D	小花（小）	120号	3	p.32	1号、6号、13号
E	小花（小）	160号	1	p.32	5号
其他	小花（小）	80号	8~9	p.32	1号、3号、21号

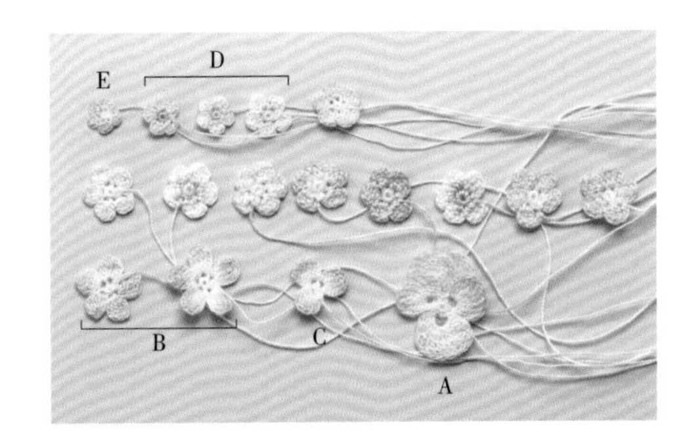

Ⅳ 按“轮廓→内侧”的顺序，缝上花片

沿着身体的轮廓缝上小花，然后在中心缝上主要的花朵。

在身体周围缝上小花（小），再在刺绣部分零星地缝上小花D、E。

缝上三色堇、紫罗兰和三叶草，注意不要露出下面的不织布。

※最后的处理方法参照p.21。

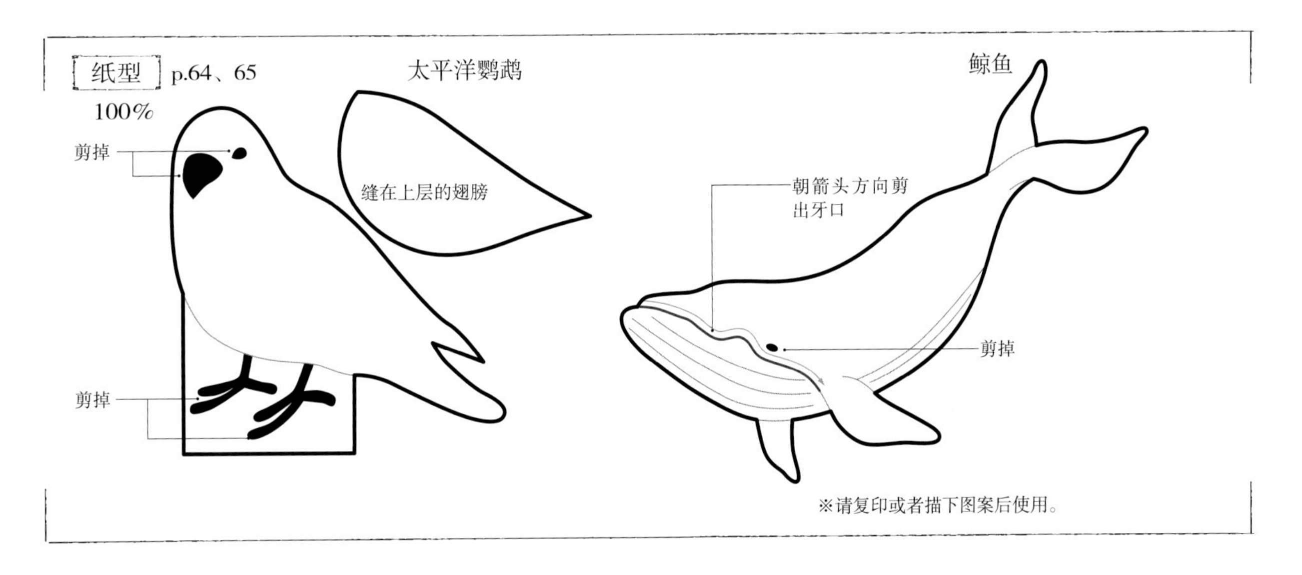

小猫的制作方法

从脸部到身体都用花艺铁丝勾勒出轮廓后再进行刺绣。在刺绣部分也零星地缝上花片，使整体呈现娇小可爱的感觉。

[纸型] 100%

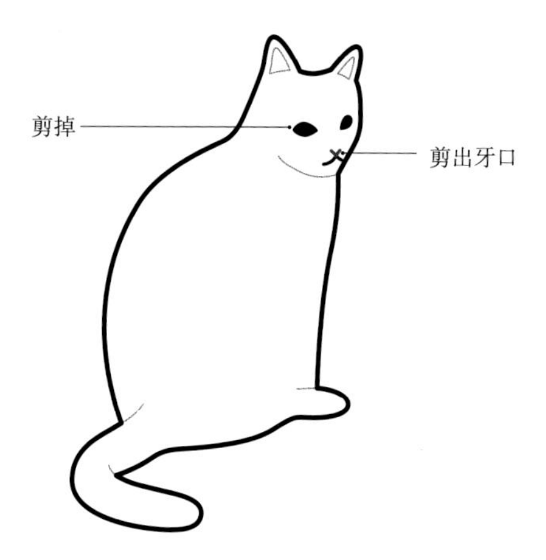

※请复印或者描下图案后使用。

作品图——— *p.14*

[材料]

纸型
不织布（15cm×15cm）1块
25号刺绣线／DMC：BLANC（白色）、818（浅粉色）、310（黑色）、415（石灰色）各适量
蕾丝线（白色／80号、120号、160号）各适量
人造花专用染料各适量→参照p.27
花艺铁丝（白色／35号）适量
别针（35mm）1个
黏合剂

[制作方法]

I 描下纸型图案

将纸型放在不织布的上面，用水消笔描出轮廓。

II 刺绣

全部用1股线按下面的顺序刺绣。刺绣完成后，将厨房湿巾等盖在上面，消除轮廓线。

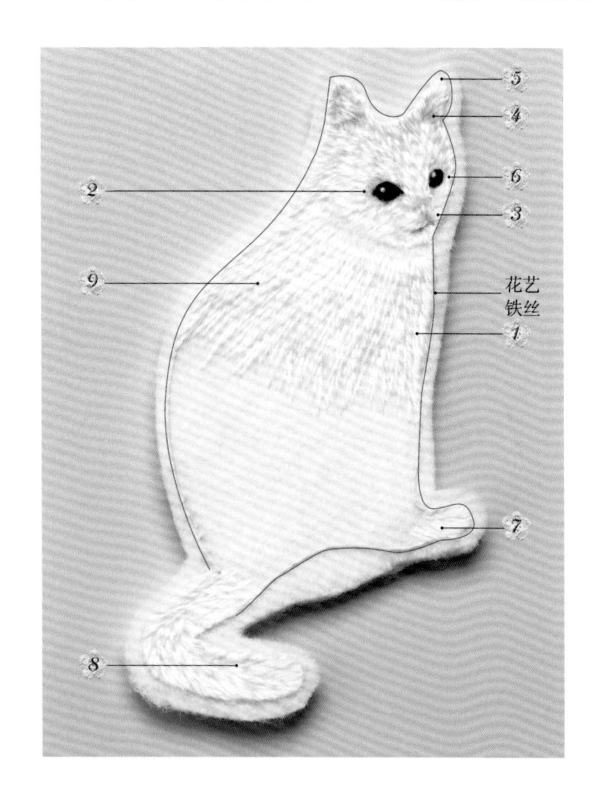

1. 轮廓／花艺铁丝、白色…钉线绣（→p.53）
2. 眼睛／黑色、白色…自由绣（→p.52）
3. 鼻子、嘴部／浅粉色、石灰色、白色…缎面绣、轮廓绣
   鼻子中心用浅粉色线纵向做缎面绣。嘴部用石灰色线做轮廓绣。嘴部与鼻子之间用白色线横向刺绣填充。

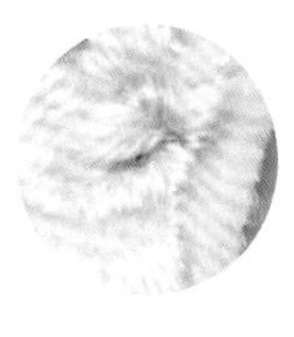

4. 耳朵的内侧／浅粉色…自由绣
5. 耳朵的外侧／白色…包线绣（→p.53）
6. 脸部、头部／白色…自由绣
   从中心向外呈放射状刺绣。
7. 腿部／白色…自由绣
8. 尾巴／白色…自由绣
9. 身体／白色…自由绣
   颈部空出1mm，向下随意刺绣，使毛发看起来比较自然。

Ⅲ 制作花草部分的花片

参照表格，钩织所需数量的花片，上色后晾干备用。

	花片名称	线的粗细	数量	钩织方法	配色（p.51）
A	三色堇	120号	1	p.38	2号、4号、6号
B	银莲花	120号	1	p.40	6号、7号(花蕊)
C	紫罗兰	120号	1	p.34	3号
D	小花（大）	80号	4~5	p.30	2号、3号、4号
E	小花（小）	120号	3	p.32	1号、4号、6号
F	小花（小）	160号	2	p.32	3号、6号
其他	小花（小）	80号	7 ~ 8	p.32	1号、2号、3号、6号

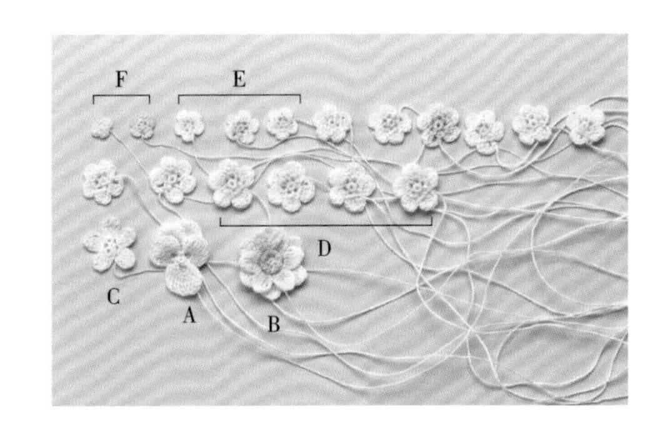

Ⅳ 按“整体→中心”的顺序，缝上花片

以下半身为中心缝上小花，再在上面缝上三色堇、银莲花和紫罗兰等主要的花朵。

在没刺绣的部分都缝上小花（小），再在刺绣部分零星地缝上小花E、F。

将三色堇、银莲花和紫罗兰叠放在小花上缝好。

※最后的处理方法参照p.21。

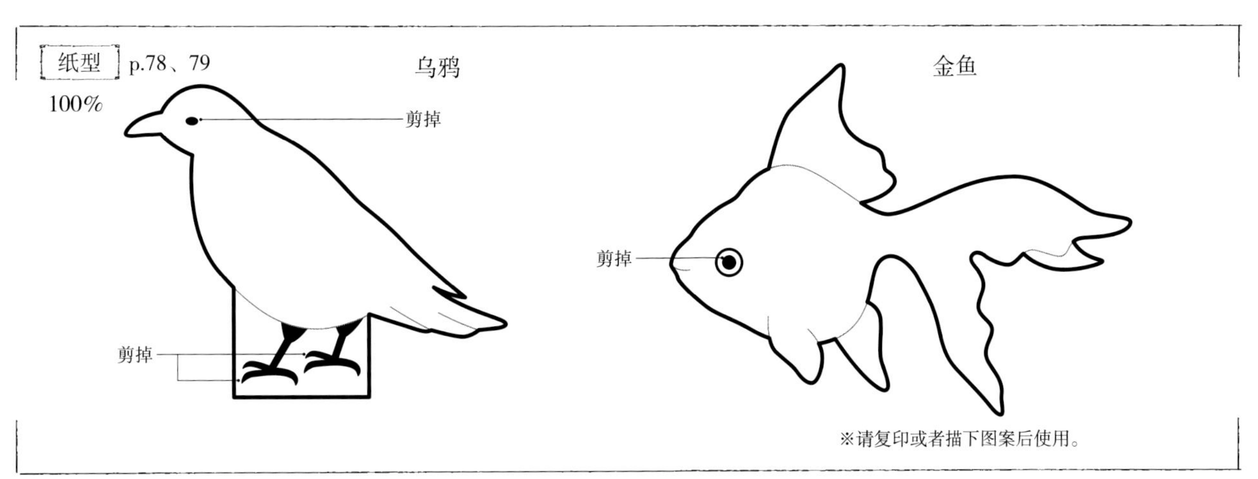

※请复印或者描下图案后使用。

小野兔（小白兔）的制作方法

用轮廓绣替代花艺铁丝，使轮廓线条更加柔和。制作小白兔时，也可以更换绣线的颜色以及花片的配色。

纸型　100%

※请复印或者描下图案后使用。

作品图 ——— *p.15*

材料

纸型

不织布（15cm × 15cm）　1块

25号刺绣线／DMC：415（石灰色）、BLANC（白色）、818（浅粉色）、310（黑色）各适量

（小白兔）DMC：BLANC（白色）、818（浅粉色）、498（红色）各适量

蕾丝线（白色／80号、120号、160号）各适量

人造花专用染料各适量→参照p.27

别针（35mm）　1个

黏合剂

制作方法

Ⅰ　描下纸型图案

将纸型放在不织布的上面，用水消笔描出轮廓。

Ⅱ　刺绣

全部用1股线按下面的顺序刺绣。刺绣完成后，将厨房湿巾等盖在上面，消除轮廓线。

※（　）内为小白兔所用颜色。

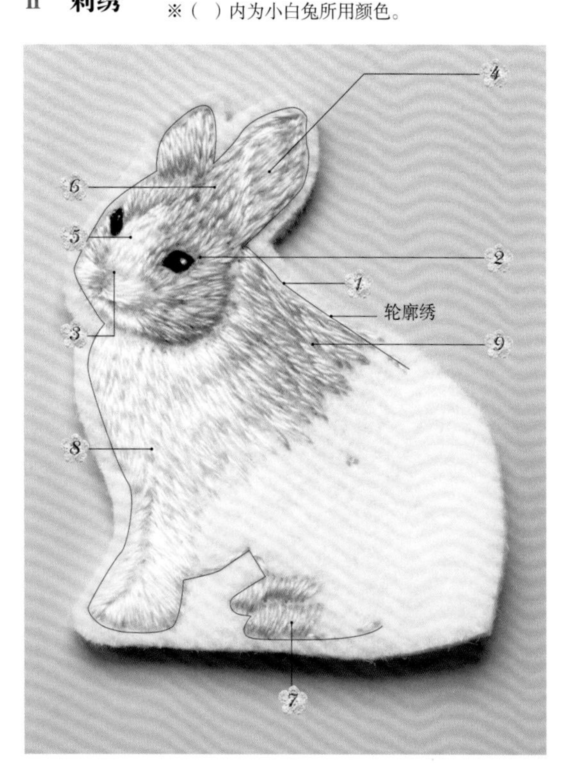

1. 轮廓／石灰色、白色（白色）…轮廓绣（→p.52）
2. 眼睛／黑色（红色）、白色（白色）…自由绣（→p.52）
3. 鼻子、嘴部／浅粉色（红色）、石灰色（红色）、白色（白色）…缎面绣、轮廓绣
   从鼻子上方到嘴部用浅粉红色（红色）线刺绣。小野兔的鼻梁用石灰色（红色）线刺绣。嘴部和鼻子之间用白色（白色）线横向刺绣。
4. 耳朵的内侧／浅粉色（浅粉色）、白色…自由绣
   用浅粉色线填充内侧，小野兔再用白色线纵向绣1条线。

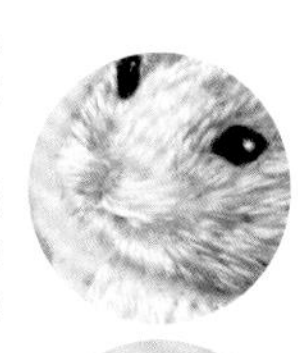

5. 鼻子上方／白色（白色）…自由绣
6. 从头部到耳朵／石灰色（白色）…自由绣
   先绣眼圈，再绣头部、左耳的外侧和右耳，然后呈放射状绣至脸颊。

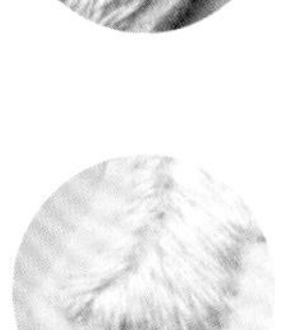

7. 后腿／石灰色（白色）…自由绣
8. 从胸部到前腿／白色（白色）…自由绣
   从胸部接着绣腿部。两腿之间稍稍空出一点缝隙。
9. 背部／石灰色（白色）、白色…自由绣
   小野兔用石灰色线绣好背部后，再用白色线在上面随意地刺绣，使其看起来更加自然。

Ⅲ　制作花草部分的花片

参照表格，钩织所需数量的花片，上色后晾干备用。

◆ 小野兔

	花片名称	线的粗细	数量	钩织方法	配色（p.51）
A	三色堇	120号	1	p.38	6号、10号、11号
B	紫罗兰	120号	1	p.34	6号（随意上色）、7号
C	三叶草（小）	120号	1	p.46	14号
D	叶子	80号	1	p.35	10号
E	小花（大）	80号	3~4	p.30	6号、7号、10号
F	小花（小）	120号	3~4	p.32	10号、11号
G	小花（小）	160号	1	p.32	8号
其他	小花（小）	80号	8~9	p.32	6号、8号、10号、11号

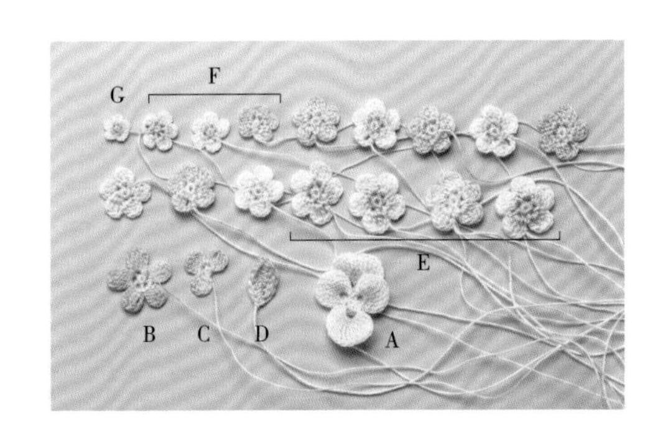

◆ 小白兔

	花片名称	线的粗细	数量	钩织方法	配色（p.51）
A	三色堇	120号	1	p.38	2 号、3 号、4 号
B	紫罗兰	120号	1	p.34	5 号
C	三叶草（小）	120号	1	p.46	14 号
D	叶子	80号	1	p.35	13 号
E	小花（大）	80号	3~4	p.30	2 号、4 号、13 号
F	小花（小）	120号	3~4	p.32	3 号、4 号、5 号
G	小花（小）	160号	1	p.32	4 号
其他	小花（小）	80号	8~9	p.32	3 号、4 号、5 号

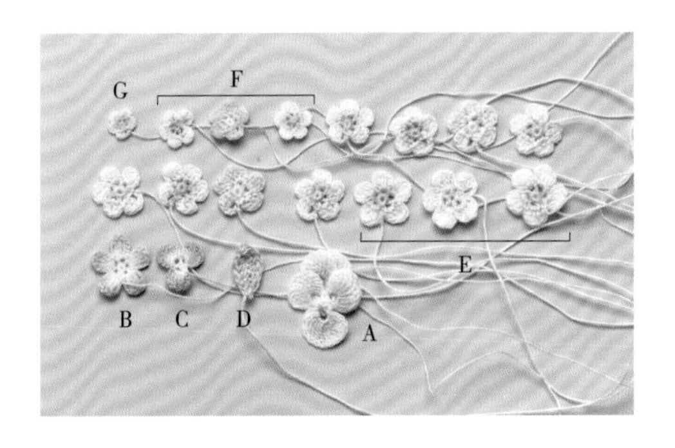

Ⅳ　按“整体→中心”的顺序，缝上花片

在整个身体部位缝上小花，再将三色堇和紫罗兰等主要的花朵叠放在小花上缝好。

在尾部缝上叶子，在整个身体部位缝上小花。再在耳朵的下方缝上小花G。

将三色堇、紫罗兰和三叶草叠放在小花上缝好。

※最后的处理方法参照p.21。

北极熊的制作方法

从手臂到脸部用花艺铁丝勾勒出轮廓后再进行刺绣。以下半身为中心缝上满满的花片吧！

[纸型] 100%

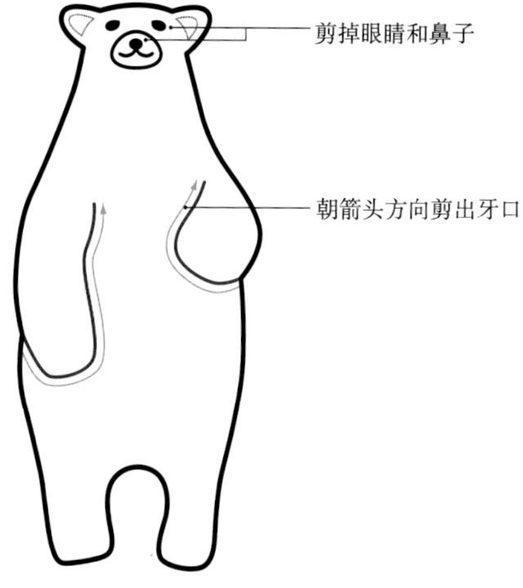

※请复印或者描下图案后使用。

作品图——p.17

[材料]

纸型
不织布（15cm×15cm） 1块
25号刺绣线／DMC：BLANC（白色）、3866（象牙色）、310（黑色）、414（灰色）各适量
蕾丝线（白色／80号、120号、160号）各适量
人造花专用染料各适量→参照p.27
花艺铁丝（白色／35号）适量
别针（35mm） 1个
黏合剂

[制作方法] **I 描下纸型图案**

将纸型放在不织布的上面，用水消笔描出轮廓。

II 刺绣 全部用1股线按下面的顺序刺绣。刺绣完成后，将厨房湿巾等盖在上面，消除轮廓线。

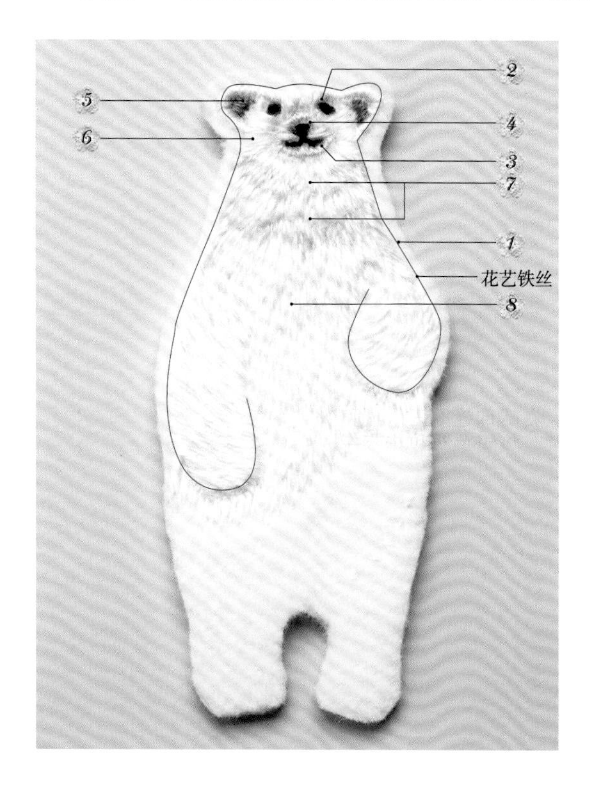

1. 轮廓／花艺铁丝、白色…钉线绣（→p.53）
2. 眼睛／黑色…自由绣（→p.52）
要领是外眼角稍稍下垂。
3. 鼻子、嘴部／黑色…缎面绣、轮廓绣
鼻子横向做缎面绣，绣成倒三角形。嘴部做轮廓绣。

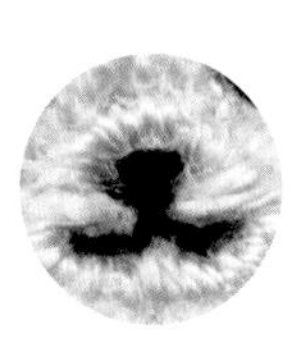

4. 鼻子周围／象牙色…自由绣
从中心向外侧呈放射状刺绣。
5. 耳朵／灰色、白色…自由绣、包线绣（→p.53）
内侧用灰色线刺绣，外侧盖住花艺铁丝做包线绣。
6. 脸部、头部／白色…自由绣
从鼻子向外侧呈放射状刺绣。
7. 颈部／象牙色、白色…自由绣
用象牙色线和白色线刺绣，绣出自然的毛发效果。
8. 身体、手臂／白色…自由绣

Ⅲ 制作花草部分的花片

参照表格，钩织所需数量的花片，上色后晾干备用。

	花片名称	线的粗细	数量	钩织方法	配色（p.51）
A	三色堇	120号	1	p.38	1号、10号
B	银莲花	120号	1	p.40	9号
C	紫罗兰	120号	1	p.34	11号
D	紫罗兰	160号	1	p.34	11号
E	叶子	160号	1	p.35	14号
F	小花（大）	80号	4~5	p.30	1号、10号、11号
G	小花（小）	120号	3~4（其中1片为尖头花瓣）	p.32	1号、10号
H	小花（小）	160号	1	p.32	11号
其他	小花（小）	80号	8 ~ 9	p.32	1号、10号、11号

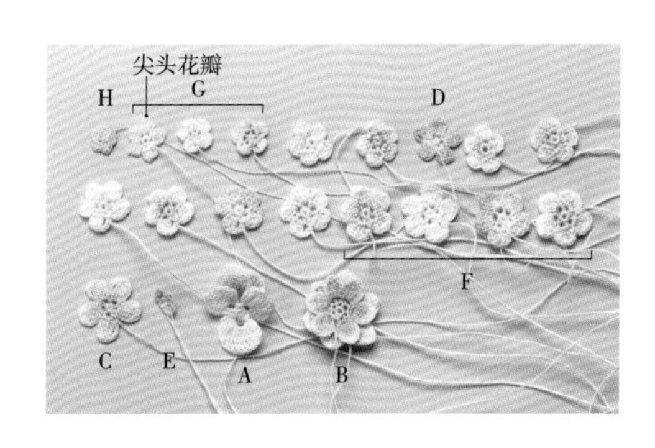

Ⅳ 按"整体→中心"的顺序，缝上花片

以腿部为中心缝上小花，再在上面缝上三色堇、银莲花和紫罗兰等主要的花朵。

在整个腿部和下半身缝上不同大小的小花。在刺绣部分也零星地缝上小花。在手的上方缝上紫罗兰（D）和叶子。在胸部附近错落有致地缝上G（尖头花瓣）和H。

在左、右腿部缝上三色堇和紫罗兰。将银莲花和花蕊一起缝好。

※最后的处理方法参照p.21。

乌鸦的制作方法

整体先用花艺铁丝勾勒出轮廓后再进行刺绣。在整个翅膀部位缝上花片，再将山茶花缝在中心。

作品图——— *p.17*

[材料]

纸型
不织布（15cm × 15cm） 1块
25号刺绣线 / DMC：310（黑色）、414（灰色）、3799（深灰色）、BLANC（白色）各适量
蕾丝线（白色 / 80号、120号、160号）、缝纫线（黑色 / 60号）各适量
人造花专用染料各适量→参照p.27
花艺铁丝（白色 / 35号）适量
玻璃珠（黑色 / 直径2mm） 1颗
别针（35mm） 1个
黏合剂

[制作方法]

Ⅰ 描下纸型图案 纸型→p.73

将纸型放在不织布的上面，用水消笔描出轮廓。

Ⅱ 刺绣 全部用1股线按下面的顺序刺绣。将厨房湿巾等盖在上面，刺绣完成后，消除轮廓线。

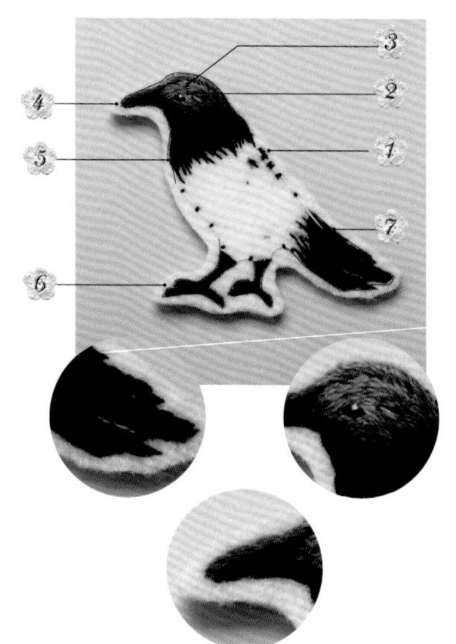

1. 轮廓 / 花艺铁丝、黑色…钉线绣（→p.53）
2. 眼睛 / 黑色、白色…自由绣（→p.52）
3. 从脸部到头部 / 灰色…自由绣
4. 嘴部 / 深灰色、黑色…包线绣（→p.53）、自由绣
   用深灰色线包住上方的花艺铁丝刺绣，下部分用黑色线刺绣。
5. 从颈部到身体 / 深灰色、黑色…自由绣
   从深灰色到黑色，绣出渐变色的效果。
6. 足部 / 黑色…包线绣
7. 尾部 / 黑色、灰色…自由绣、轮廓绣
   用黑色线填充。然后用灰色线做轮廓绣，绣入2条横线。

金鱼的制作方法

用花艺铁丝勾勒出整体的轮廓后再进行刺绣。中心的花片也可以换成银莲花。

作品图——— *p.16*

[材料]

纸型
不织布（15cm × 15cm） 1块
25号刺绣线 / DMC：347（红色）、760（深粉色）、818（浅粉色）、BLANC（白色）、310（黑色）各适量
蕾丝线（白色 / 80号、120号、160号）各适量
人造花专用染料各适量→参照p.27
花艺铁丝（白色 / 35号）适量
珍珠（白色 / 直径1mm）5颗
别针（35mm） 1个
黏合剂

[制作方法]

Ⅰ 描下纸型图案 纸型→p.73

将纸型放在不织布的上面，用水消笔描出轮廓。

Ⅱ 刺绣 全部用1股线按下面的顺序刺绣。刺绣完成后，将厨房湿巾等盖在上面，消除轮廓线。

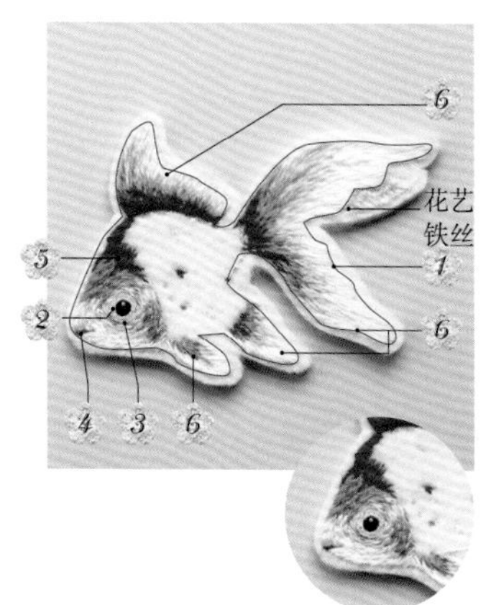

1. 轮廓 / 花艺铁丝、白色、浅粉色、深粉色、红色…钉线绣（→p.53）
2. 眼睛 / 黑色、白色…自由绣（→p.52）
3. 眼圈 / 白色、浅粉色、深粉色…自由绣
   一圈圈地刺绣，绣出渐变色的效果。
4. 嘴部 / 红色、浅粉色…轮廓绣
   在红色上面绣上浅粉色。
5. 头部 / 浅粉色、红色…自由绣
   绣出渐变色的效果。
6. 胸鳍、腹鳍、尾鳍、背鳍 / 红色、深粉色、浅粉色、白色…自由绣
   绣出渐变色的效果。

Ⅲ 制作花草部分的花片

参照表格，钩织所需数量的花片，上色后晾干备用。

	花片名称	线的粗细	数量	钩织方法	配色（p.51）
A	山茶花	80号	1	p.36	19号
B	小花（小）	80号	6 ~ 7	p.32	10号（稍深）、19号
C	小花（小）	120号	4~5	p.32	19号
D	小花（小）	160号	2~3	p.32	19号
E	小花（小）	缝纫线 60 号	1	p.32	用黑色线钩织
其他	小花（大）	80号	5~6	p.30	10号、19号（不同深浅）

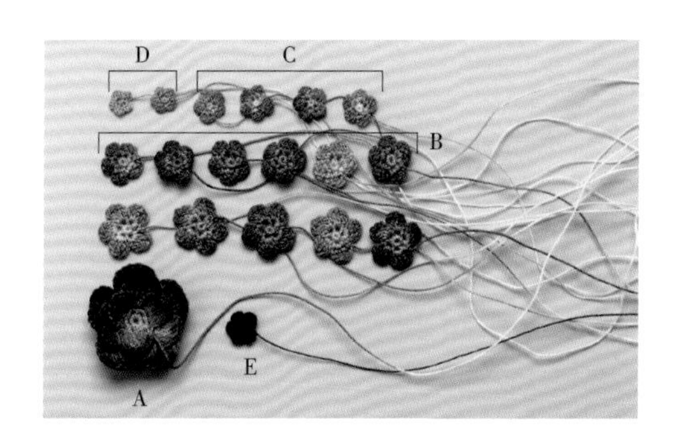

Ⅳ 按“轮廓→内侧”的顺序，缝上花片

沿着身体的轮廓缝上小花（大）、（小），然后在中心缝上山茶花。

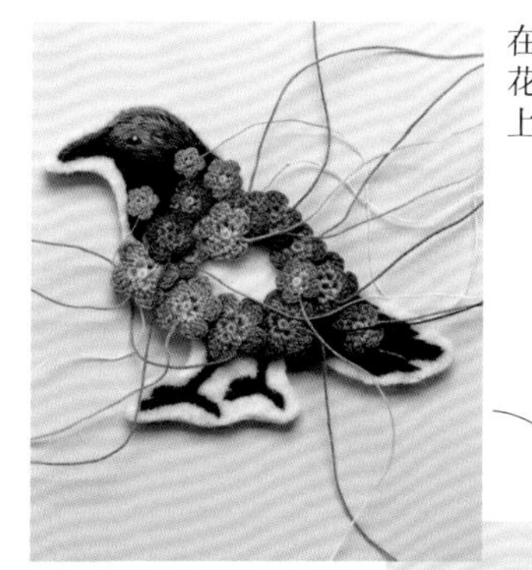

在身体的周围缝上小花。再在脸部附近缝上小花C、D。

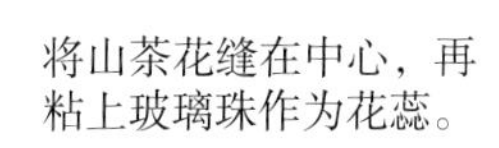

将山茶花缝在中心，再粘上玻璃珠作为花蕊。

※最后的处理方法参照p.21。

Ⅲ 制作花草部分的花片

参照表格，钩织所需数量的花片，上色后晾干备用。

	花片名称	线的粗细	数量	钩织方法	配色（p.51）
A	山茶花	80号	1	p.36	20号（染成斑纹状）
B	小花（大）	80号	3 ~ 5	p.30	4号、20号
C	小花（小）	120号	1 ~ 2	p.32	4号
D	小花（小）	160号	3 ~ 4	p.32	4号
其他	小花（小）	80号	6 ~ 8	p.32	4号、20号

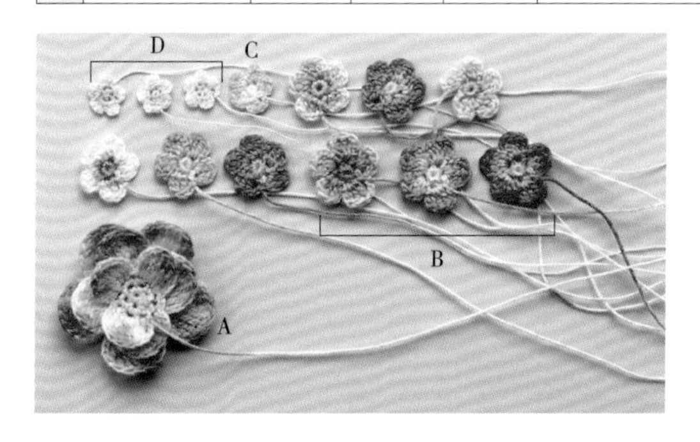

Ⅳ 按“轮廓→内侧”的顺序，缝上花片

在没有刺绣部分的周围缝上小花，再在上面缝上山茶花。

在没有刺绣的部分缝满小花。在刺绣部分零星地缝上小花C、D。

在中心缝上山茶花，再将珍珠粘在花蕊处。

※最后的处理方法参照p.21。

备案号：豫著许可备字-2018-A-0036

图书在版编目（CIP）数据

钩编+刺绣：中里华奈的迷人花漾动物胸针 / (日)中里华奈著；蒋幼幼译.—郑州：河南科学技术出版社，2018.10（2023.1重印）
ISBN 978-7-5349-9357-2

Ⅰ.①钩… Ⅱ.①中… ②蒋… Ⅲ.①胸针－制作 Ⅳ.①TS934.5

中国版本图书馆CIP数据核字（2018）第205007号

Lunarheavenly
中里华奈

蕾丝钩编艺术家。母亲是和服裁缝，耳濡目染，从小就很喜欢各种手工。2009年创立了Lunarheavenly品牌。目前主要在日本关东地区忙于举办个展、活动参展、委托销售等工作。著作有《かぎ針で編むルナヘヴンリィの小さなお花のアクセサリー（日本河出书房新社出版）（中文版：《中里华奈的迷人蕾丝花饰钩编》）（河南科学技术出版社出版）。

摄影 安井真喜子
造型 铃木亚希子
图书设计 濑户冬实
插图、编织图解 长濑京子工藤典子
纸型 AD・CHIAKI
协助编辑 株式会社童梦

出版发行：河南科学技术出版社
地址：郑州市郑东新区祥盛街27号 邮编：450016
电话：（0371）65737028 65788613
网址：www.hnstp.cn
策划编辑：刘 欣
责任编辑：刘 欣
责任校对：王晓红
封面设计：张 伟
责任印制：朱 飞
印 刷：河南新达彩印有限公司
经 销：全国新华书店
开 本：889 mm × 1194 mm 1/16 印张：5 字数：100千字
版 次：2018年10月第1版 2023年1月第7次印刷
定 价：49.00元

如发现印、装质量问题，影响阅读，请与出版社联系并调换。